W0263490

Studienskripten zur Soziologie

20 E.K.Scheuch/Th.Kutsch, Grundbegriffe der Soziologie
    Grundlegung und Elementare Phänomene
    2. Auflage. 376 Seiten. DM 17,80

22 H. Benninghaus, Deskriptive Statistik
    (Statistik für Soziologen, Bd. 1)
    4. Auflage. 280 Seiten. DM 17,80

23 H. Sahner, Schließende Statistik
    (Statistik für Soziologen, Bd. 2)
    2. Auflage. 188 Seiten. DM 14,80

24 G. Arminger, Faktorenanalyse
    (Statistik für Soziologen, Bd. 3)
    198 Seiten. DM 14,80

25 H. Renn, Nichtparametrische Statistik
    (Statistik für Soziologen, Bd. 4)
    138 Seiten. DM 11,80

26 K. Allerbeck, Datenverarbeitung in der
    empirischen Sozialforschung
    Eine Einführung für Nichtprogrammierer
    187 Seiten. DM 10,80

27 W. Bungard/H.E. Lück, Forschungsartefakte
    und nicht-reaktive Meßverfahren
    181 Seiten. DM 12,80

28 H.Esser/K.Klenovits/H.Zehnpfennig,
    Wissenschaftstheorie 1 Grundlagen
    und Analytische Wissenschaftstheorie
    285 Seiten. DM 17,80

29 H.Esser/K.Klenovits/H.Zehnpfennig,
    Wissenschaftstheorie 2 Funktionalanalyse
    und hermeneutisch-dialektische Ansätze
    261 Seiten. DM 17,80

30 H. v. Alemann, Der Forschungsprozeß
    Eine Einführung in die Praxis der
    empirischen Sozialforschung
    351 Seiten, DM 17,80

31 E. Erbslöh, Interview
    (Techniken der Datensammlung, Bd. 1)
    119 Seiten, DM 11,80

32 K.-W. Grümer, Beobachtung
    (Techniken der Datensammlung, Bd. 2)
    290 Seiten. DM 17,80

Fortsetzung auf der 3. Umschlagseite

Zu diesem Buch

Organisationen sind ein wesentliches Merkmal moderner
Gesellschaften. Sie sind für die Handlungs- und
Lebenschancen jedes Bürgers von besonderer Bedeutung. Sie prägen ihn als Mitglied, Kunde, Klient
oder Publikum und beeinflussen Lebenslage, Lebensstil und Lebensdeutung.

Vorliegendes Studienskriptum dient der Einführung
in die Organisationssoziologie. Ausgehend von der
Alltagserfahrung wird die Bedeutung von Organisationen
für Individuum und Gesellschaft aufgezeigt, werden
Dimensionen zur soziologischen Analyse von Organisationen erörtert, werden Ziele und soziale Strukturen von Organisationen in ihrem wechselseitigen
Verbund dargestellt, wird dem Zusammenhang von Organisation und Gesellschaft wie von Individuum und
Organisation nachgegangen.

Das Studienskriptum richtet sich an Studenten der
Wirtschafts- und Sozialwissenschaften, aber auch
an Studenten anderer Disziplinen sowie an praktisch
Tätige, die sich einen ersten Einblick in die soziologische Problematik des "Handelns in und von
Organisationen" verschaffen wollen. Es setzt kein
soziologisches Grundwissen voraus.

Studienskripten zur Soziologie

Herausgeber: Prof. Dr. Erwin K. Scheuch
            Prof. Dr. Heinz Sahner

Teubner Studienskripten zur Soziologie sind als in
sich abgeschlossene Bausteine für das Grund- und
Hauptstudium konzipiert. Sie umfassen sowohl Bände
zu den Methoden der empirischen Sozialforschung,
Darstellungen der Grundlagen der Soziologie, als
auch Arbeiten zu sogenannten Bindestrich-Soziologien,
in denen verschiedene theoretische Ansätze, die Entwicklung eines Themas und wichtige empirische Studien
und Ergebnisse dargestellt und diskutiert werden.
Diese Studienskripten sind in erster Linie für An-
fangssemester gedacht, sollen aber auch dem Examens-
kandidaten und dem Praktiker eine rasch zugängliche
Informationsquelle sein.

Einführung in die Organisationssoziologie

Von Dr. rer. pol. Günter Büschges

Professor an der Universität

Erlangen-Nürnberg

Springer Fachmedien Wiesbaden GmbH 1983

Prof. Dr. rer. pol. Günter Büschges

1926 in Weidenau/Sieg geboren. Nach Kriegsdienst, freiberuf-
licher und angestellter Tätigkeit Studium der Wirtschafts-
und Sozialwissenschaften an der Universität zu Köln von
1949 bis 1955. 1952 bis 1958 zunächst wissenschaftliche
und beratende, später leitende Tätigkeit im Personal- und
Sozialwesen eines industriellen Großunternehmens. 1968 bis
1970 Akademischer Rat am Lehrstuhl für Soziologie der Universität Regensburg. 1970 bis 1978 Wissenschaftlicher Rat
und Professor für Organisations- und Personalwesen an der
Fakultät für Soziologie der Universität Bielefeld. 1975 bis
1980 Ordentlicher Professor für Theorie und Methoden der
empirischen Sozialforschung an der Universität Essen - Gesamt-
hochschule. 1980 bis 1982 Professor für Empirische Sozialwissenschaften an der Fernuniversität Hagen. Seit 1.10.1982
Professor für Soziologie an der Wirtschafts- und Sozialwissenschaftlichen Fakultät der Friedrich-Alexander-Univer-
sität Erlangen-Nürnberg.

CIP-Kurztitelaufnahme der Deutschen Bibliothek

Büschges, Günter:
Einführung in die Organisationssoziologie / von
Günter Büschges.

ISBN 978-3-519-00120-1   ISBN 978-3-322-93054-5 (eBook)
DOI 10.1007/978-3-322-93054-5

NE: GT

© Springer Fachmedien Wiesbaden 1983
Ursprünglich erschienen bei B. G. Teubner Stuttgart 1983

Gesamtherstellung: Beltz Offsetdruck, Hemsbach/Bergstr.
Umschlaggestaltung: W. Koch, Sindelfingen

Vorwort

Das vorliegende Studienskriptum behandelt ein für die Sozialwissenschaften zentrales Gebiet: die Soziologie der Organisationen. Aus der Perspektive einer empirischen Soziologie
auf strukturell-individualistischer Grundlage wird der Zusammenhang von Individuum und Organisation sowie von Organisation und Gesellschaft herausgearbeitet. Es wird aufgezeigt,
wie sich Organisationen von anderen sozialen Gebilden unterscheiden.

Das Buch beruht auf langjährigen eigenen Erfahrungen mit dem
Phänomen Organisation in Praxis, Forschung und Lehre. Es ist
hervorgegangen aus einem für die FernUniversität Hagen verfaßten Studienkurs, der gestrafft, ergänzt, auf den neuesten
Stand gebracht und somit wesentlich überarbeitet wurde.

Das Buch richtet sich zum einen an Studenten der Wirtschafts-,
Sozial- und Verwaltungswissenschaften, die sich mit dem Prob-
lemfeld "Organisation", seiner Beschreibung, Analyse und Gestaltung beschäftigen. Es wendet sich zum anderen an in der
Praxis stehende Organisationsexperten und Organisatoren, die
an einer sozialwissenschaftlichen Fundierung ihres beruflichen
Handelns interessiert sind.

Die in diesem Buch zusammengefaßten Gedanken sind das Ergebnis eines mehrjährigen Diskussionsprozesses, an dem viele
Freunde, Kollegen und Mitarbeiter beteiligt waren. Für wesentliche Anregungen und konstruktive Kritik habe ich insbesondere
zu danken meiner Frau Gretel, unseren drei Kindern Beatrix,
Birgitta und Ansgar, meinen langjährigen Mitarbeitern Peter
Lütke-Bornefeld, Reinhard Wittenberg und Werner Raub sowie
den Herren Sternschulte, Rollbusch und Sander vom Zentrum für
Fernstudienentwicklung der FernUniversität Hagen. Zu danken

habe ich ferner den Herausgebern dieser Studienskripten,
den Kollegen Sahner und Scheuch, für die Aufnahme des Buches
in diese Reihe, Frau Edith Frank für die Anfertigung des
Manuskriptes und die dabei erwiesene Sorgfalt und Umsicht
sowie Frau Ingrid Wintergerst für die sorgfältige Korrektur
und die Anfertigung des Sachverzeichnisses.

Lauf a.d.Pegnitz, im Juli 1983   Günter Büschges

Inhaltsverzeichnis

1. Einführung

1.1. Lehrziele des Studienskriptums

Das vorliegende Skriptum dient der Einführung in die Soziologie der Organisationen. Angesichts der 'Allgegenwart' und der Bedeutung von Organisationen in unserer Gesellschaft soll ein Beitrag zu soziologischer Aufklärung und Orientierung über das Phänomen Organisation geleistet werden. Es geht darum, dem Leser

jene Bedeutung aufzuzeigen, welche Organisationen als strukturellen Elementen moderner Gesellschaften für Stabilität und Wandel von Gesellschaftssystemen zukommt;

die stets möglichen Widersprüche und Unvereinbarkeiten deutlich werden zu lassen, die sich ergeben können zwischen der Rationalität des 'Organisationshandelns' aus der Sicht 'der' Organisation und ihrer Leitungskader auf der einen Seite und der Rationalität der Befriedigung grundlegender menschlicher Bedürfnisse der Organisationsmitglieder, ihrer Klientel oder ihrer Kunden auf der anderen Seite;

die Vorstellung zu nehmen, Organisationen seien handlungsfähige, wahrnehmende, sich selbst steuernde und unabhängig von Personen wie Personen wirkende Kollektive, und ihnen zu zeigen, daß Organisationen als soziale Kollektive nur 'in' und 'durch' Personen zu handeln vermögen, die sich ihrer als Instrumente bedienen;

Kenntnisse zu vermitteln, die zu Aufdeckung, Entwicklung und Nutzung von Gestaltungsspielräumen in Organisationen benötigt werden und die darüber hinaus geeignet sind, einer Verdinglichung von Organisationen zu begegnen und bewußt zu machen, daß alle Organisationen menschliche Kreationen sind und auch von Menschen verändert werden können;

die strukturellen Bedingtheiten organisatorischen Handelns von Individuen aufzuzeigen.

Darüber hinaus soll dem Leser

die Standortgebundenheit wissenschaftlicher Analysen verdeutlicht werden;

der Zusammenhang von theoretischen Ansätzen und Perspektiven, Zielsetzungen, Fragestellungen und Methoden, wissenschaftlichem Ertrag und praktischem Nutzen organisationssoziologischer Untersuchungen bewußt gemacht werden;

gezeigt werden, daß es keine universell geltenden Organisationsprinzipien und keine immer und überall gleicher-
maßen zweckmäßige Organisationsformen gibt;
Grundlagenwissen vermittelt werden, das für eine empirische Analyse von Organisationen nötig ist.

Die mit dem Skriptum verfolgten Ziele machen es erforderlich,
die von Alltagsroutinen und Alltagsdefinitionen sowie von
pragmatischen Theorien und standortbedingten Wahrnehmungsver-
zerrungen bestimmte Problemsicht aufzubrechen und zu einer
Neuformulierung des Organisationsphänomens vorzustoßen. Dies
kann zur Folge haben, daß für manchen Leser dadurch das rou-
tinisierte, Sicherheit wie Schnelligkeit im Handeln gewährlei-
stende Erfahrungswissen infrage gestellt wird, daß Qualifikationen und Handlungsroutinen abgewertet werden und daß die In-
teressengebundenheit 'üblicher' oder 'bewährter' Entschei-
dungs- und Handlungsmuster aufgedeckt wird.

1.2. Aufbau des Studienskriptums

Das Skriptum behandelt in fünf Kapiteln:
  Organisationen als Gegenstand der Alltagserfahrung
  (2. Kapitel)
  Organisationen als Gegenstand der Sozialwissenschaft
  (3. Kapitel)
  Ziele und Strukturen von Organisationen (4. Kapitel)
  Organisation und Gesellschaft (5. Kapitel)
  Individuum und Organisation (6. Kapitel)

Im 2. Kapitel soll der Leser ausgehend von der Alltagserfahrung mit dem Phänomen Organisation vertraut gemacht werden.
Die moderne Gesellschaft wird als Organisationsgesellschaft
vorgestellt. Die zunehmende Herausbildung von Organisationen
in modernen Gesellschaften und ihre Bedeutung für den einzelnen Bürger wie für die Gesellschaft als Ganzes werden erörtert. Dabei geht es u.a. um den Charakter von Organisationen
als Zweckverbände, als Kooperationssysteme, als Herrschafts-

instrumente und als Lebensraum. In den folgenden Abschnitten werden jeweils besondere Aspekte von Organisationen skizziert: Organisationen als Instanzen der Sozialisation und sozialer Kontrolle, Organisationen als Agenturen sozialen Wandels, Organisationen als menschliche Erfindungen und Konstruktionen.

Im 3. Kapitel wechselt die Perspektive. Organisationen als Gegenstand der Sozialwissenschaft, insbesondere der Soziologie, stehen im Mittelpunkt. Zunächst werden die Unbestimmtheit und die Mehrdeutigkeit des Organisationsbegriffs aufgezeigt sowie ihre Ursachen und ihre Folgen diskutiert. Es folgt eine Skizze der verschiedenen Ansätze, Perspektiven und Fragestellungen, die in den Organisationswissenschaften zu finden sind, und ihrer jeweiligen Konsequenzen. Eine nähere Begründung des von mir vertretenen Ansatzes im Rahmen einer Diskussion von Organisationen als sozialen Gebilden schließt sich an. Nach einem knappen Überblick über die Entwicklung der Organisationssoziologie wende ich mich unter dem Thema 'Handeln in und von Organisationen als Forschungsproblem' den Perspektiven des Handelns in Organisationen sowie den Ebenen und Elementen empirischer Organisationsanalyse zu. Damit sollen zum einen die Probleme empirischer Organisationsforschung aufgezeigt und zum anderen Möglichkeiten und Grenzen von Organisationsuntersuchungen deutlich gemacht werden. Das Kapitel schließt mit der Entwicklung und Erörterung von Dimensionen zur empirischen Analyse von Organisationen.

Das 4. Kapitel wird eingeleitet mit einer ausführlichen Diskussion über Zwecke und Ziele von Organisationen, ihre Bedeutung und ihre Funktionen. Zielbildung und Zielbestimmung sowie Zielkonflikte und Zielwandel werden erörtert. Darauf, daß Zielsetzungsprozesse Machtprozesse sind, wird hingewiesen. Das größte Gewicht hat der recht umfangreiche Abschnitt 4.2, in dem die Sozialstruktur von Organisationen und ihre wichti-

gen Dimensionen behandelt werden: Arbeitsteilung, Koordination und Kontrolle; Werte und Normen; Autorität und Herrschaft; Statusgruppen; Formalität von Organisationen; Integration und Konflikt.

Im 5. Kapitel stehen zwei Themen im Mittelpunkt: 'Organisationen als Rollensysteme" und 'Organisationen und sozialer
Wandel'. In Abschnitt 5.1, wo es um die Spielräume und Widersprüche in Organisationsrollen geht, kommt stärker als bisher
die Perspektive des Individuums als Organisationsmitglied,
als Klient, als Kunde oder als Publikum zum Tragen. Diskutiert wird die spezifische Verknüpfung von individuellen Akteuren und Organisationsstrukturen nebst deren Konsequenzen.
In Abschnitt 5.2 geht es dann um den Gesamtzusammenhang von
Organisationen und ihre Einbindung in die Gesellschaft sowie
ihren Einfluß auf diese, und zwar unter besonderer Berücksichtigung des sozialen Wandels in und durch Organisationen.

Das 6. Kapitel behandelt das bislang lediglich aus anderen
Perspektiven aber nicht aus der Sicht des einzelnen erörterte
Verhältnis von Individuum und Organisation. Es beginnt mit
dem stets problematischen Zusammenhang von Organisationsrolle
und Individualität. Es folgt eine an Themen in Kapitel 2 und
5 anknüpfende und an einem Beispiel verdeutlichte Skizze möglicher Funktionen und Folgen von Organisationsmitgliedschaf-
ten für das Individuum. Den Hinweisen auf die im letzten
Jahrzehnt stärker auch von Soziologen beachtete Problematik
des Verhältnisses von Organisationen und Publikum folgen abschließend einige Bemerkungen zu dem gerade in der Organisationssoziologie häufig vernachlässigten Zusammenhang von Rationalitätsprinzip und Herrschaftssicherung.

Um das Verständnis zu erleichtern, habe ich mich durchweg
darum bemüht, die jeweilige Thematik und Problematik sowie
den jeweils angesprochenen Sachverhalt am Beispiel von drei

Organisationen zu erläutern: einem <u>Arbeitsamt</u>, zugeordnet
der Bundesanstalt für Arbeit als Zentrale aller Arbeitsämter
und Landesarbeitsämter, der <u>Berufsschule</u> und einem <u>Autohaus</u>,
das sich dem 'Parnerschaftsgedanken' verpflichtet fühlt.
Als weitere Beispiele kommen gelegentlich hinzu: ein Groß-
unternehmen der Eisen- und Stahlindustrie, ein Kreditinstitut
und ein Altenwohnheim.

Um die thematische Verknüpfung der verschiedenen Abschnitte
deutlich werden zu lassen und um die Verwendung des Studien-
skriptums für Zwecke der Wiederholung oder der Vertiefung des
Stoffes zu erleichtern, habe ich in den Text zahlreiche Querverweise eingearbeitet. Diese Querverweise sind besonders
häufig in zusammenfassenden Abschnitten oder solchen, die
eine Vorschau auf spätere Themen geben.

Die Anmerkungen folgen jeweils am Schluß eines Kapitels. Soweit es sich um solche Anmerkungen handelt, die Arbeitsempfeh-
lungen oder Hinweise auf weiterführende Lektüre enthalten,
sind sie mit einem [+] versehen.

2. Organisationen als Gegenstand der Alltagserfahrung

2.1. Was versteht man unter Organisationen?

"Charakteristisches Merkmal und gestaltendes Element moderner Industrie- und Dienstleistungsgesellschaften sind Organisationen". Diesem Satz dürften die meisten Sozialwissenschaftler beipflichten. Er entspricht gebräuchlichem wissenschaftlichen Sprachstil. Viele Nichtwissenschaftler werden aber diesem Satz widersprechen. Sie kennen zwar auch Erscheinungen, die sie mit dem Begriff Organisation belegen. Diese sind aber keineswegs alle von so hervorragender Bedeutung für unsere Gesellschaft, daß sie sie als charakteristisches Merkmal oder gar als gestaltendes Element unserer Gesellschaft ansehen. So scheint die Aussage des Satzes ihrer Alltagserfahrung zu widersprechen.

Der Grund für eventuelle Unterschiede in der Beurteilung der Wahrheit oder der Richtigkeit des Eingangssatzes ist nicht in erster Linie darin zu suchen, daß Unterschiede in der erfahrenen oder wahrgenommenen Wirklichkeit bestehen. Er dürfte eher im unterschiedlichen Gebrauch des Begriffes Organisation liegen: In der Umgangssprache bezeichnet Organisation andere Phänomene als in der Sprache der Sozialwissenschaftler.

In unserer Umgangssprache bezeichnen wir mit Organisation entweder die Tätigkeit des Organisierens oder solche Zusammenschlüsse von mehreren Personen oder von Personengruppen, die der Durchsetzung bestimmter Interessen dienen. Dabei handelt es sich in der Regel um solche Interessen, die den verschiedenen Personen gemeinsam sind, die aber jeder einzelne nicht allein mit hinreichender Aussicht auf Erfolg verfolgen kann. In diesem Sinne werden z.B. Gewerkschaften, Parteien, Wirtschaftsverbände und ähnliche Vereinigungen Organisationen genannt.

Andere Zusammenschlüsse mehrerer Personen, die ebenfalls der
Verwirklichung bestimmter, mehreren Personen gemeinsamer
Zwecke dienen, wie z.B. Betriebe, Behörden, Schulen, Kirchen,
Krankenhäuser, Gefängnisse, werden hingegen selten oder überhaupt nicht als Organisationen bezeichnet. Hier gibt man im
allgemeinen anderen Begriffen den Vorzug. Man nennt sie Einrichtungen, Anstalten, Institutionen.

Solche Unterschiede in der Verwendung und in der Bedeutung
von Begriffen sind sehr häufig zu beobachten. Sie sind nicht
nur zwischen Wissenschaftlern und Nichtwissenschaftlern fest-
zustellen. Sie finden sich regelmäßig zwischen Wissenschaftlern, die verschiedenen Disziplinen angehören.
Sie finden sich aber auch zwischen Wissenschaftlern, die
zwar der gleichen wissenschaftlichen Disziplin, aber verschiedenen wissenschaftlichen Schulen angehören. Auch sonst lassen sich Unterschiede dieser Art ausmachen. Sie können sowohl auf Unterschieden der sozialen Herkunft, der Zugehörigkeit zu sozialen Gruppen oder Schichten, als auch auf Unterschieden in der Zugehörigkeit zu Organisationen beruhen.

So teilt der <u>Begriff Organisation</u> das Schicksal vieler Begriffe der Alltagssprache und der Wissenschaftssprache. Er
ist <u>vieldeutig</u> und kann je nach Zielsetzung, Bezugsrahmen
und Sprechsituation auf recht verschiedene, zum Teil sogar
widersprüchliche Sachverhalte verweisen. Ihm mangelt es an
Präzision, weswegen nicht immer eindeutig ist, ob eine soziale Erscheinung nun als Organisation zu bezeichnen ist oder
nicht. Oft ist nur aus dem Zusammenhang, in dem der Begriff
verwandt wird, zu erschließen, welche Erscheinungen unserer
gesellschaftlichen Wirklichkeit mit dem Begriff gemeint sind
und welche nicht.

Auf solche Mehrdeutigkeiten ist es häufig zurückzuführen,
wenn eine Verständigung zwischen Wissenschaftlern und Prak-
tikern Mühe macht, erschwert wird oder gar scheitert.

In den Sozialwissenschaften werden so verschiedenartige Erscheinungen wie Betriebe, Behörden, Ämter, Schulen, Parteien,
Kirchen, Gewerkschaften, Unternehmungsverbände, Karnevalsver-
eine, Kartelle, Schützenvereine, Jugendverbände, Krankenhäuser,
Sportclubs, Weltanschauungsgruppen, Banken, Freizeitgruppen,
Supermärkte, Verkehrsbetriebe, Studentenverbindungen, Kauf-
häuser, Gesangvereine, Schülervereinigungen etc. als Organisationen bezeichnet. Der Begriff Organisation reicht hier also viel weiter als in der Alltagssprache.

Als <u>Organisationen</u> werden in der Regel [1] solche <u>Zusammen-
schlüsse von Personen</u> bezeichnet, die folgende <u>drei</u> Merkmale
gemeinsam haben und sich in dieser Hinsicht und insoweit
gleichen:

> Sie wurden zur <u>Verwirklichung spezifischer Zwecke</u> geschaf-
> fen und sie sollen nicht einer Vielzahl beliebiger Zwecke
> zugleich dienen.

> Sie sind <u>arbeitsteilig gegliedert</u>, d.h. den in ihnen zu-
> sammengeschlossenen und ihnen angehörenden Personen wur-
> den nicht allen die gleichen Aufgaben zur Erledigung über-
> tragen, sondern mehr oder minder verschiedenartige. Die
> Erfüllung jeder dieser Aufgaben dient jedoch zunächst und
> in erster Linie dem spezifischen Zweck des Zusammenschlus-
> ses, zu dem auf diese Weise jede Person einen Beitrag
> leistet.

> Sie sind mit einer <u>Leitungsinstanz</u> ausgestattet, der die
> Vertretung des Zusammenschlusses nach innen wie außen ob-
> liegt. Sie ist für die Gewährleistung der Zusammenarbeit
> und für ihre Ausrichtung auf den Zweck des Zusammenschlus-
> ses verantwortlich.

Nach dieser Vorstellung unterscheiden
> die spezifische Zweckbestimmung,
> eine daran orientierte arbeitsteilige Gliederung und
> das Vorhandensein einer Leitungsinstanz

als gemeinsame Merkmale Organisationen von anderen Arten
und Formen, in denen sich Personen oder Personengruppen zu-
sammenzuschließen pflegen oder sich zusammenschließen können:
z.B. von Freundschaften, Familien, Spielgruppen, Nachbarschaften auf der einen Seite und von Gemeinden, Massenversammlun-
gen, Gesellschaften auf der anderen.

<u>Organisationen dienen</u> in der Regel bestimmt <u>ausgewählten</u>
<u>Zwecken</u>:
Betriebe produzieren Güter, betreiben jedoch keine Bankge-
schäfte. Behörden erbringen öffentliche Dienstleistungen oder
verwalten das Gemeinwesen, betreiben jedoch keine Verkaufs-
stellen für beliebige Waren und produzieren keine Güter, jedenfalls nicht im engeren Sinne. [2)] Schulen dienen der Wis-
sensvermittlung an Kinder und Jugendliche oder der Erziehung,
jedoch nicht der Kinderverwahrung, der Krankenpflege oder dem
Transport von Gütern. Krankenhäuser werden errichtet, um
Kranke zu pflegen und zu heilen, jedoch nicht um gebrechli-
che Personen zu betreuen oder Einfluß auf die politische Gestaltung des Gemeinwesens zu nehmen, denn letzteres ist zunächst Zweck von Parteien. Diese wiederum haben sich nicht
unmittelbar mit Krankenpflege, Güterproduktion oder schulischer Bildung zu befassen. Kirchen schließlich dienen der
Sinndeutung des Lebens und der Vermittlung zwischen Diesseits
und Jenseits, jedoch ihrem Zwecke nach weder der politischen
Einflußnahme, noch primär der Krankenpflege, noch der Erstellung materieller Güter.

Wie wir später noch sehen werden, ist diese Abgrenzung von
Organisationen vermittels des spezifischen Zweckes keineswegs so eindeutig, wie sie zunächst zu sein scheint. Zum
einen gibt es - zumal mit zunehmender Größe - Organisationen,
die mehreren Zwecken dienen. Zum anderen sind die zunächst
ins Auge springenden spezifischen Zwecke keineswegs immer die
eigentlich dominierenden. So dient z.B. die Güterproduktion
privatwirtschaftlicher Unternehmen in einer Marktwirtschaft

nicht nur, und manchmal nicht einmal in erster Linie, der
Deckung des gesellschaftlichen Bedarfs an den produzierten
Gütern, sondern auch, und oft in erster Linie, der Erzielung
von Gewinnen oder Profiten zur Vermehrung von Kapital und/oder
Einfluß.

<u>Organisationen sind arbeitsteilig gegliedert.</u>In Betrieben
gibt es, von einer bestimmten Größe an, eine mehr oder minder
scharfe Trennung zwischen verschiedenen Arbeitsaufgaben, insbesondere zwischen planenden, leitenden, arbeitsvorbereiten-
den, arbeitsausführenden und kontrollierenden Aufgaben sowie
zwischen Zielsetzungs-, Beschaffungs-, Produktions-, Absatz-
und Verwaltungsaufgaben. So verteilt das <u>Autohaus</u>, wie dem
Organigramm auf S.203 zu entnehmen ist, die verschiedenen
Arbeitsaufgaben auf die Abteilungen Verkauf, Finanzen, Kundendienst, Teiledienst, Zweigstelle und Personal, denen jeweils ein Leiter vorsteht, und die Aufgaben des Autoverkaufs
weiter auf die Verkäufer und die Verkaufsverwaltung.

Behörden trennen ordnende, kontrollierende, leistende, ver-
waltende und leitende Tätigkeiten. Einen Überblick über die
Aufgabenverteilung in einem regionalen <u>Arbeitsamt</u> gibt der
Organisationsplan im Anhang, der dies exemplarisch verdeut-
licht(s. S.201). Wie aus diesem zu ersehen ist, sind die
Aufgaben auf eine Zentralabteilung und sechs Abteilungen so-
wie auf einige weitere, mit Sonderaufgaben betraute Büros und
Referate verteilt worden.

<u>Schulen</u> trennen lernende (Schüler), lehrende (Lehrer) und ad-
ministrative (Sekretariat/Hilfspersonal) sowie leitende
(Schulleitung) Aufgaben und verteilen sie auf verschiedene
Personengruppen. Einen Überblick hierüber gibt das vom Kul-
tusministerium des Landes Nordrhein-Westfalen in einer Infor-
mationsschrift publizierte 'Organisationsmodell Schule'
(s. S.202).

Wie wir später sehen werden (z. B. in 4.2, 5.1, 6.1), liegt
in der arbeitsteiligen Struktur eine besondere Eigenart, aber
auch die besondere Problematik von Organisationen.

<u>Organisationen sind mit einer Leitungsinstanz ausgestattet:</u>
In Betrieben ist dies die Betriebs- und/oder Unternehmens-
oder Geschäftsleitung, ergänzt durch den Betriebsrat. Im
<u>Autohaus</u> ist es der Geschäftsführer (s. Organigramm), der sei-
nerseits von der Gesellschaftsversammlung, dem Wirtschaftsausschuß und dem Betriebsrat kontrolliert wird (s. Schaubild
S.204).

In <u>Behörden</u> ist es der Präsident, Behördenleiter oder Amts-
leiter oder das Präsidium, die Behördenleitung oder die Amts-
leitung (bei mehrgliedriger oder kollegialer Leitung), ergänzt durch den Personalrat (s. S.201).

In <u>Schulen</u> ist es die Schulleitung, repräsentiert durch den
Rektor oder den Direktor, ergänzt durch die verschiedenen
Selbstverwaltungsgremien und kontrolliert durch die Gemein-
devertretung sowie das Schulkollegium und das Kultusministe-
rium (s. S.202).

Aus dem Vorhandensein einer Leitungsinstanz als Spezifikum
von Organisationen resultieren ebenfalls eine Vielzahl von
Problemen, die seitens der Organisationssoziologie erkundet,
beschrieben, analysiert und diskutiert werden (s. z.B. 2.2.5,
4.1, 6.2 und 6.4).

Wegen ihrer besonderen Bedeutung für den einzelnen Bürger wie
für die Gesellschaft insgesamt sind unter den verschiedenen
Typen von Organisationen jene für die Sozialwissenschaften
von besonderem Interesse, die man gemeinhin mit dem Begriff
Arbeitsorganisation zu bezeichnen pflegt. Hierunter verstehen
wir solche Organisationen, die über einen Verwaltungsstab sowie über eine Reihe hauptberuflich in der und für die Organisation tätiger Personen verfügen, über Personen also, die
vermittels ihrer Tätigkeit in der und für die Organisation

ihren Lebensunterhalt ganz oder zum überwiegenden Teil verdienen, die, mit anderen Worten, in der Organisation für die Organisation ihrem Berufe nachgehen.

Arbeitsorganisationen in diesem Sinne sind Betriebe, Behörden, Schulen, aber auch Kirchen, Parteien und Gewerkschaften. Organisationen dieses Typs werden hier in erster Linie behandelt werden.

2.2. Die moderne Gesellschaft als Organisationsgesellschaft

2.2.1. Die Allgegenwart von Organisationen in der modernen Gesellschaft

Eine Vielzahl von Organisationen prägt das Bild unserer Gesellschaft. Ein Blick in das örtliche Fernsprechbuch läßt schnell deutlich werden, wie zahlreich diese Organisationen sind. Er zeigt aber auch, wenn wir mit dem Namen der jeweiligen Organisation unser Wissen um diese Organisation verbinden, wie verschieden die Organisationen sind in Zielsetzung, Zweckbestimmung, Größe, interner Aufgaben- und Abteilungsgliederung, Reichweite, Alter, Geschichte, wechselseitiger Verknüpfung, Einflußchance und Autonomie. [3+]

Diese Vielfalt von Organisationen umfaßt z.B. erwerbs- oder gemeinwirtschaftlich orientierte Unternehmen; Interessen- und Weltanschauungsverbände (z.B. Kirchen, Sekten, Bruderschaften); Parteien und politische Vereinigungen; Vereine verschiedener Art;
dem 'öffentlichen Wohle' dienende Einrichtungen wie die verschiedenen Bildungseinrichtungen, die Einrichtungen der Gesundheitsvorsorge, -fürsorge und -sicherung, der Rehabilitation und der Sozialversicherung; Behörden, Ämter, Anstalten und andere Einrichtungen der Kommunen, der Länder und des Bundes; die Organe der Rechtssprechung und -pflege sowie das Militär und militärähnliche Verbände.

Diese Vielzahl von Organisationen bindet die einzelnen Mitglieder unserer Gesellschaft und ihre verschiedenen Gruppierungen ein in eine entsprechende Vielzahl wechselseitig miteinander verbundener Aktivitäten und verkettet sie so miteinander. Eingebunden in ein Netzwerk von Organisationen als deren Mitglieder, Beschäftigte, Akteure, Agenten, Repräsentanten, Klienten, Kunden oder Publikum gestalten wir heute unser Leben. Organisationen sind es, die uns verbinden; Organisationen trennen uns aber auch voneinander.

In <u>Organisationen</u> oder in enger Verbindung mit ihnen und beeinflußt durch sie verbringt der Bürger in unserer Gesellschaftsordnung wie in allen modernen Gesellschaften einen wesentlichen Teil seines Lebens. Sie <u>bestimmen</u> seinen <u>sozialen Alltag</u> ebenso wie seinen <u>Lebenslauf</u>. In und durch Organisationen wirken wir mit an der Gestaltung unserer Lebenswelt und der unserer Mitbürger. In Organisationen oder in deren Einflußbereich werden wir geboren, erzogen, ausgebildet, betreut, gepflegt und versorgt. In Organisationen üben die meisten von uns ihren Beruf aus, verdienen sie ihren Lebensunterhalt, machen sie Karriere - oder auch nicht, gestalten sie ihre Freizeit und gewinnen sie ihren Lebenssinn. In Organisationen und durch Organisationen oder deren Agenten erfahren wir heute aber auch, was Konflikt und Kooperation, was Hilfsbereitschaft und Solidarität, was Erfolg und Mißerfolg, was Status und Prestige, was Herrschaft und Abhängigkeit, was Selbstbestimmung und Fremdbestimmung, was Gleichheit und Ungleichheit bedeuten oder bedeuten können und wie wir damit fertig werden oder auch nicht.

Als intermediäre soziale Gebilde vermitteln Organisationen zwischen dem einzelnen Mitglied unserer Gesellschaft und der Gesamtgesellschaft sowie den verschiedenen gesellschaftlichen Teilsystemen, denen es angehört. Organisationen sind eingebettet in das sie umfassende Gesellschafts- und Wirtschaftssystem, als dessen Teil aber in ihren Zielen und

Zwecken von diesem abhängig; wie wir allerdings noch sehen
werden, in z.T. recht unterschiedlichem Ausmaß.

Auch in ihren arbeitsteiligen Strukturen werden Organisationen
vom Gesellschafts- und Wirtschaftssystem beeinflußt und zwar
in der Art und Weise, wie die im Rahmen der Organisationen
zu erledigenden Aufgaben auf Personen und Personengruppen verteilt sind. Umgekehrt beeinflussen Organisationen ihrerseits,
dies wiederum in unterschiedlichem Maße, das Gesellschafts-
und Wirtschaftssystem und tragen so zu dessen Stabilisierung
oder Wandel bei.

Angesichts der Bedeutung, die Organisationen für uns und für
die Gestaltung unserer Gesellschaftsordnung zukommt, ist es
wichtig, die charakteristischen Strukturen von Organisationen
sowie die Wirkungsweise und die Konsequenzen des Handelns 'in'
und 'von' Organisationen kennen und verstehen zu lernen. Wer
nicht nur passiv die Wandlungen unserer Gesellschafts- und
Wirtschaftsordnung erfahren will, sondern Wert darauf legt,
im Rahmen seiner Kräfte und Möglichkeiten und vereint mit anderen, die seine Werte oder Interessen teilen, einen aktiven
Beitrag zur Gestaltung unserer Gesellschafts- und Wirtschaftsordnung zu leisten, der ist gehalten, sich mit dem Phänomen
Organisation zu beschäftigen und auseinanderzusetzen.

2.2.2. <u>Organisationen als Resultat gesellschaftlicher Entwicklung</u>

Organisationen sind ein spätes Produkt gesellschaftlicher Entwicklung:

"Entstehung, Wachstum und Ausbreitung von Organisationen sind
kein universalgeschichtlicher Prozeß. Es hat Hochkulturen gegeben, in denen sich Organisationen entweder nur ansatzweise
oder nur auf wenigen Gebieten entwickelten. ... Daß Organisationen sich bilden und zu den wesentlichen Strukturelementen
einer Gesellschaft werden, ist jedenfalls alles andere als
eine zwangsläufige Entwicklung in jeder Kultur. Es ist viel-

mehr ein Prozeß, der auf zahlreichen besonderen Voraussetzungen beruht und nur unter ganz bestimmten Bedingungen so beherrschend wird, wie wir es in der modernen Industriegesellschaft erleben" (MAYNTZ, 1963, S.8f.).

In seinem Beitrag 'Organisationen und sozialer Wandel' kommt GABRIEL (1976, S. 309) zu folgendem Ergebnis:

"Organisationen sind - was ihre quantitative Verbreitung wie ihre qualitative Struktur angeht - ein spätes Produkt sozialer Wandlungsprozesse und können als eine wesentliche Dimension des gesellschaftlichen Wandels betrachtet werden." 4+)

Entfaltung und Ausbreitung von Organisationen sind eng verknüpft mit jener beispiellosen, tiefgreifenden und umfassenden Umwälzung der gesamten Gesellschafts- und Wirtschaftsordnung, die mit dem Aufkommen der kapitalistischen Wirtschaftsweise einsetzte. Sie erfuhr in der und durch die Industrialisierung ihre spezifische Formung und hatte weltweite Folgen. Als solche seien nachstehend beispielhaft genannt:

> Trennung von Arbeits- und Lebensraum, von Arbeitsstätte und Wohnung;

> grundlegende Wandlung des Charakters wie der Organisation beruflicher Tätigkeit;

> Herausbildung neuer sozialer Klassen und Veränderung der Klassenstrukturen;

> Vordringen von Großbetrieben als vorherrschende Produktionsform und von bürokratischen Verwaltungen in Staat und Wirtschaft;

> durchgreifende Veränderung der Siedlungsstrukturen und der Verkehrsverflechtungen;

> Entwicklung und Ausbreitung der Arbeiterbewegungen und des Parteiwesens;

> zunehmende Mechanisierung, Maschinisierung und Automatisierung der Arbeitsprozesse im Zeichen permanenter Rationalisierung der Organisationsstrukturen;

> totale Umwälzung der gesellschaftlichen Machtstrukturen.

Die oben beschriebenen Prozesse charakterisieren eine Entwicklung, die das Wachstum immer neuer Arten und Formen von Organisationen und deren Ausbreitung in Wirtschaft, Gesellschaft und Staat förderte und beschleunigte. Sie hatte ferner eine grundlegende Veränderung so traditionsreicher organisa-

torischer Gebilde wie Kirchen, Staatsbürokratien und Militär-
einrichtungen zur Folge. Besonders rasant war die Entwicklung
im Bereich der Arbeitsorganisationen; sie wurden zur vorherrschenden Form gesellschaftlicher Arbeitsteilung.

Diese Entwicklung führte u.a. zu einem kontinuierlichen Rück-
gang des Anteils jener Personen an der erwerbstätigen Bevöl-
kerung, die als Selbständige (Männer: von 32% im Deutschen
Reichsgebiet 1882 auf 12% im Bundesgebiet 1978; Frauen von
19% in 1882 auf 5% in 1978) oder mithelfende Familienangehö-
rige (Männer: von 8% in 1882 auf 1% in 1978; Frauen: von 17%
in 1882 auf 12% in 1978) im 'eigenen Betrieb' ihrer Berufstätigkeit nachgingen und ihren Lebensunterhalt verdienten.

2.2.3. <u>Organisationen als Zweckverbände</u>

Organisationen sind Zusammenschlüsse von Personen zur Verwirklichung spezifischer Zwecke. Organisationen entstehen nicht
naturwüchsig und spontan und ungeplant. Organisationen beruhen auf einer rationalen Entscheidung, auf dem bewußten Willen von Gründern. Organisationen verdanken ihre Entstehung,
ihren Bestand und ihre Entwicklung einer gezielten Auswahl
von Zwecken, deretwegen sie gegründet wurden und erhalten werden. Hierdurch unterscheiden sie sich von anderen sozialen
Gebilden.

<u>Industriebetriebe</u> produzieren Güter, um auf diese Weise
zur Bedarfsdeckung beizutragen oder um Gewinn zu erzielen oder um das Kapital zu vermehren oder aus all diesen
Gründen. Industriebetriebe erbringen in der Regel zumindest keine Dienstleistungen, die nicht unmittelbar oder
mittelbar dem Zweck dienen, Güter zu produzieren und Ge-
winne zu erzielen.

<u>Einzelhandelsunternehmen</u> verkaufen Waren, die sie von an-
deren Unternehmen bezogen haben, stellen diese Waren im
allgemeinen jedoch nicht selbst her.

<u>Banken</u> verleihen Geld und machen Geschäfte mit Wert-
papieren oder Devisen, betreiben aber zumeist weder einen
Schönheitssalon noch ein Café.

<u>Schulen</u> vermitteln Wissen, betreiben jedoch durchweg keine
Gastronomie und produzieren auch keine 'materiellen' Güter
für einen beliebigen Käuferkreis.

Allerdings ist nicht zu verkennen, daß im Zuge der gesellschaftlichen Entwicklung diese Eindeutigkeit von einer zunehmenden Zahl von Arbeitsorganisationen infrage gestellt wird.
Mit wachsender Größe und Ausbreitung von Arbeitsorganisationen
nimmt auch die Tendenz zu, die Aufgabenbereiche zu erweitern
und somit die Zwecke von Organisationen zu vermehren.

Nachstehend seien jene <u>Organisationszwecke</u> genannt, die den
<u>drei Beispielorganisationen</u> zukommen und die dort 'Aufgaben'
oder 'Ziele' heißen:

<u>Arbeitsamt:</u> In einer für die Unterrichtung der Öffentlichkeit
bestimmten und vom 'Referat Öffentlichkeitsarbeit' herausge-
gebenen Broschüre der BUNDESANSTALT für Arbeit (1977, S.18)
in Nürnberg werden die Aufgaben dieser Bundesanstalt und damit zugleich die Aufgaben der einzelnen Arbeitsämter wie folgt
beschrieben:

"Das Arbeitsförderungsgesetz richtet die Aufgabenstellung
der Bundesanstalt an der Sozial- und Wirtschaftspolitik
der Bundesregierung aus. Der Bundesanstalt wird dadurch
aufgetragen, an einer aktiv vorausschauenden Arbeitsmarkt-
und Beschäftigungspolitik mitzuwirken. Erklärte Zielsetzung
ist es, einen hohen Beschäftigungsstand zu erreichen und
aufrechtzuerhalten, die Beschäftigungsstruktur ständig zu
verbessern und damit das Wachstum der Wirtschaft zu fördern.

Nach dem Arbeitsförderungsgesetz obliegen der Bundesanstalt
dabei folgende Aufgaben:

- die Berufsberatung,
- die Arbeitsvermittlung,
- die Förderung der beruflichen Bildung,
- die Gewährung von berufsfördernden Leistungen
  zur Rehabilitation,
- die Gewährung von Leistungen zur Erhaltung
  und Schaffung von Arbeitsplätzen,
- die Zahlung von Arbeitslosengeld und von
  Konkursausfallgeld.

Außerdem hat die Bundesanstalt Arbeitsmarkt- und Berufsfor-
schung zu betreiben. Sie gewährt im Auftrag des Bundes Arbeitslosenhilfe und - als Kindergeldkasse - das Kindergeld
nach dem Bundeskindergeldgesetz (BKGG). Das Arbeitnehmerüber-
lassungsgesetz (AOG) wird von ihr durchgeführt. Außerdem obliegen ihr Aufgaben nach dem Schwerbehindertengesetz ..."

<u>Berufsschule</u>: Im Beschluß der Kultusministerkonferenz (KMK)
vom 8.12.1975 über die 'Bezeichnungen zur Gliederung des beruflichen Schulwesens' werden die Berufsschulen wie folgt definiert:

'Berufsschulen sind Schulen, die von Berufsschulpflichtigen/
Berufsschulberechtigten besucht werden, die sich in der beruflichen Erstausbildung befinden oder in einem Arbeitsverhält-
nis stehen. Sie haben die Aufgabe, dem Schüler allgemeine und
fachliche Lerninhalte unter besonderer Berücksichtigung der
Anforderungen der Berufsausbildung zu vermitteln. Der Unterricht erfolgt in Teilzeitform an einem oder mehreren Wochen-
tagen oder in zusammenhängenden Teilabschnitten (Blockunter-
richt); er steht in enger Beziehung zur Ausbildung in Betrieben einschließlich überbetrieblicher Ausbildungsstätten. Im
Rahmen einer in Grund- und Fachstufe gegliederten Berufsausbildung kann die Grundstufe als Berufsgrundbildungsjahr mit
ganzjährigem Vollzeitunterricht oder im dualen System in ko-
operativer Form geführt werden ..." (LIPSMEIER, 1980, S. 29).

<u>Autohaus</u>: Das Autohaus Opel-Hoppmann nennt in einer Verein-
barung der Führungsgruppe, die nach einem Seminar im April
1977 getroffen wurde, folgende 'Unternehmensziele':

"Die Firma Martin Hoppmann GmbH verfolgt zwei Ziele gleichzeitig und gleichrangig:
Ziel 1   Wirtschaftlicher Erfolg durch Verkauf möglichst
         vieler Kraftfahrzeuge, Ersatzteile und Reparaturen
         mit guten Bruttoerträgen und möglichst geringen
         Kosten; optimale Betreuung der Kunden, damit das
         Geschäft und die Arbeitsplätze auch in Zukunft ge-
         sichert sind; Erhaltung der baulichen und techni-
         schen Einrichtungen auf einem hohen Niveau.

Ziel 2   Möglichst hohe Beteiligung aller Mitarbeiter am er-
         wirtschafteten Erfolg; humane Arbeitsbedingungen;
         möglichst große Selbständigkeit der Mitarbeiter;
         Beteiligung der Mitarbeiter an betrieblichen und
         unternehmerischen Entscheidungen.

Die wirtschaftlichen Ziele (Ziel 1) und die sozialen Ziele
(Ziel 2) sind auf den ersten Blick schwer in Einklang zu

bringen. So scheinen auch die persönlichen Ziele des Mitarbeiters mit den wirtschaftlichen Zielen des Unternehmens zunächst in Widerspruch zu stehen" (HOPPMANN, 1978, Kap. 5.3).

Die jeweiligen Zwecke der Organisation bestimmen den zu schaffenden, zu erhaltenden, wiederherzustellenden oder anzustrebenden Organisationszustand. Sie bedingen insbesondere das Organisationsprogramm, das der Verwirklichung des Organisationszweckes dient und das die Grundlage der Zusammenarbeit der in der Organisation zusammengeschlossenen oder ihr angehörenden Personen bildet. Von den Organisationszwecken hängt somit in erster Linie ab, wie die arbeitsteilige Gliederung der Organisation aussieht und wie die verschiedenen, zur Erfüllung des Organisationsprogramms erforderlichen, zweckmäßigen oder geeigneten Aufgaben auf die verschiedenen in ihr tätigen Personen verteilt werden.

Die jeweiligen Organisationszwecke liefern aber auch die Kriterien, nach denen die Tätigkeit der Organisation sowie das Handeln der einzelnen Personen im Rahmen ihrer organisationsspezifischen Aufgabenstellung beurteilt werden. An den Organisationszwecken wird mit Hilfe daraus abgeleiteter Maßstäbe der jeweilige Erfolg oder Mißerfolg der Organisationstätigkeit gemessen.

Darüber hinaus dienen die Zwecke einer Organisation - zumindest die offiziellen - zur Rechtfertigung des Organisationshandelns gegenüber der Öffentlichkeit, den Klienten, den Kunden oder dem Publikum sowie gegenüber den Organisationsmitgliedern. Oft dienen sie auch der Selbstdarstellung der Organisation. Schließlich sind sie für die Rekrutierung von Personen und die Beschaffung von Mitteln von Bedeutung.

Statt von Organisationszwecken wird in der einschlägigen Literatur heute meist von Organisationszielen gesprochen oder

es werden beide Begriffe synonym benutzt. Diesem Sprachgebrauch werde ich später ebenfalls folgen. Hier hielt ich die
Verwendung des Begriffes 'Organisationszweck' für passender
und informativer, weil er den instrumentellen Charakter von
Organisationen, ihre Eigenart, Mittel zum Zweck und nicht
Selbstzweck zu sein, betont und weil er in der Alltagssprache vorherrschend ist.

2.2.4. <u>Organisationen als Kooperationssysteme</u>

BARNARD geht in seinem Werk 'Die Führung großer Organisationen' (1976, S. 144 u.öfter) davon aus, daß wir es bei Organisationen mit Kooperations-Systemen zu tun haben. Dies
unter dem Aspekt, daß Organisationen arbeitsteilig gegliedert sind und daß somit die Erfüllung des Organisationszweckes
oder das Erreichen der Organisationsziele nur gewährleistet
ist, wenn die mit unterschiedlichen Aufgaben betrauten Organisationsangehörigen zusammenarbeiten und ihre individuellen
Beiträge in Ausrichtung auf den Organisationszweck koordinie-
ren. Die damit angerissene, für alle Arten von Organisationen
charakteristische, in Fabrikbetrieben aber oft besonders ins
Auge springende Problematik der dauernden Gewährleistung hinreichender Kooperation schildert Karl MARX im ersten Band seiner Schrift 'Das Kapital' (1976, S. 29-38) recht anschau-
lich. [5+)]

2.2.5. <u>Organisationen als Herrschaftsinstrumente</u>

Organisationen sind mit einer Leitungsinstanz ausgestattet,
um die Koordination der Beiträge der einzelnen Organisationsangehörigen und deren Ausrichtung auf den Organisationszweck
zu sichern, trotz arbeitsteiliger Gliederungen. Diese Lei-

tungsinstanz macht Organisationen zu Herrschaftsinstrumenten
derjenigen, die Zugang zu den Leitungspositionen haben und
Einfluß auf die Entscheidungen der Leitungsinstanzen nehmen
können. Die Einrichtung einer Leitungsinstanz verwandelt in
vielen Organisationen die Kooperation funktional gleichwerti-
ger und gleichwichtiger Personen in ein hierarchisch geglie-
dertes, Weisungsbefugnisse zuteilendes, Kompetenzen regelndes,
Ober-, Neben- und Unterordnungsbeziehungen begründendes Herrschaftssystem.

"An die Stelle der Kooperation funktional geschiedener, jedoch
ranggleicher Positionsinhaber tritt die Kooperation rangmäßig
und funktional geschiedener, durch Unterschiede in Inhalt und
Reichweite der erworbenen, zugebilligten oder zugeteilten
Autorität und ihrer Quellen von einander abgehobener Träger
von Herrschaftsrollen. Ihre Legitimation findet sie in der
der Organisationsleitung zukommenden Herrschaftsgewalt, wobei
diese 'genossenschaftlich-demokratisch', oder 'hierarchisch-
monokratisch' begründet sein kann oder auf andere Weise"
(BÖSCHGES, 1976, S. 22).

In seiner Studie über die Organisationsstruktur der deutschen
Arbeitnehmerbewegung gelangte Robert MICHELS bereits 1910 zu
dem pessimistischen Schluß, daß Demokratie als Ziel und Organisation als Mittel zu diesem Ziel miteinander unvereinbar
sind, denn:

"Wer Organisation sagt, sagt Tendenz zur Oligarchie. Im Wesen der Organisation liegt ein tief aristokratischer Zug"
(1976, S. 87). Die Ursache für diesen Widerspruch glaubte
MICHELS in dem 'ehernen Gesetz der Oligarchie'(1976, S. 106)
gefunden zu haben, einem strukturellen Mechanismus, der der
arbeitsteiligen Gliederung einer jeden Organisation zugrundeliegt und notwendig zu einer ungleichen Machtverteilung führt:

"Das soziologische Grundgesetz, dem die politischen Parteien -
das Wort Politik hier im weitesten Sinne genommen - bedingungs-
los unterworfen sind, mag, auf seine kürzeste Formel gebracht,
etwa so lauten: die Organisation ist die Mutter der Herrschaft
der Gewählten über die Wähler, der Beauftragten über die Auf-
traggeber, der Delegierten über die Delegierenden" (1976,
S. 112).

Schon früher hatte Friedrich ENGELS auf die Unausweichlich-
keit und die Notwendigkeit von Herrschaft und Autorität mit
Nachdruck hingewiesen, und zwar in der 1872/1873 verfaßten
Streitschrift 'Von der Autorität'.

"Es ist folglich absurd, vom Prinzip der Autorität als einem
absolut schlechten und vom Prinzip der Autonomie als einem absolut guten Prinzip zu reden. Autorität und Autonomie sind relative Dinge, deren Anwendungsbereiche in den verschiedenen
Phasen der sozialen Entwicklung variieren. Wenn die Autono-
misten sich damit begnügten zu sagen, daß die soziale Organisation der Zukunft die Autorität einzig und allein auf jene
Grenzen beschränken wird, in denen die Produktionsbedingungen
sie unvermeidlich machen, so könnte man sich verständigen; sie
sind indessen blind für alle Tatsachen, die die Sache notwendig
machen, und stürzen sich auf das Wort" (1976, S. 57).

2.2.6. Organisationen als Lebensraum

Bei der Erörterung der 'Allgegenwart' von Organisationen in
der modernen Gesellschaft habe ich bereits deutlich gemacht,
daß die meisten von uns in Organisationen oder in enger Verbindung mit ihnen und beeinflußt durch sie einen wesentlichen
Teil ihres wachen Lebens verbringen. Organisationen gewinnen
damit eine Qualität besonderer Art für alle jene Personen, die
erhebliche Anteile ihrer Lebenszeit in Organisationen verbringen. Sie sind für sie nicht nur 'Mittel zum Zweck', lediglich
Instrument zur Verwirklichung anderer Ziele, sondern von zentraler Bedeutung für die Gestaltung des Lebens. Den Organisationen kommt eine lebensräumliche Qualität zu für alle jene
Menschen, die sich nur in ihnen und durch sie verwirklichen
können, damit also eine Qualität, die jener widerstreiten kann,
die aus der Zweckgerichtetheit organisatorischen Handelns resultiert.

Für einen Lehrer, der nur in, mit, durch und für die Berufsschule lebt und dessen gesamter Lebensplan von seiner Position
als Berufsschullehrer her bestimmt wird, haben die Berufs-

schule und die Tätigkeit in ihr eine andere Bedeutung als
für einen Lehrer, der den Beruf des Berufsschullehrers gewählt hat, weil er ihm unter den verfügbaren anderen beruflichen Chancen die größte Sicherheit des Arbeitsplatzes und
einen recht großen Spielraum bei der Gestaltung seines 'eigentlichen' Lebens jenseits der Berufsarbeit zu bieten schien, und
der seinen Einsatz im Rahmen seiner Lehrerrolle so gering wie
nur eben möglich hält. Für ersteren ist die Berufsschule Lebensraum, für den zweiten Arbeitsstelle.

Für einen Berufsberater, der sein Lebensziel darin sieht, jun-
gen Menschen mit allen ihm verfügbaren Kräften bei der schwie-
rigen Wahl des Ausbildungs- und Berufsweges zur Seite zu stehen, und der sich mit der Berufsberatung identifiziert und
daraus seine Identität bezieht, kommt dem Arbeitsamt lebensräumliche Qualität zu. Für einen, der Berufsberater geworden
ist, weil er einen hinreichend gut entlohnten und genügend
Dispositionsspielräume bietenden Arbeitsplatz suchte, und der
seine Berufstätigkeit lediglich als Mittel ansieht, um seine
Existenz zu sichern, sich jedoch nur partiell mit der Berufsaufgabe identifiziert, kommt dem Arbeitsamt kaum lebensräumliche Qualität zu.

Die Frage, ob und in welchem Ausmaß einer Organisation die
Qualität als Lebensraum zukommt, läßt sich nicht generell,
sondern nur in jedem einzelnen Fall entscheiden. Die Antwort
ist zum einen vom Organisationstyp und von der Position in der
Organisation abhängig, zum anderen von eher individuellen
Faktoren wie: Gründen für die Organisationsmitgliedschaft,
Erwartungen an die Tätigkeit in der und für die Organisation,
Identifikation mit der Organisationstätigkeit und mit der Organisation und ihren Zielen oder Zwecken, Bedeutung der in der
und durch die Organisation vermittelten sozialen Beziehungen,
materielle und soziale Abhängigkeit von der Organisation, um

nur einige ohne Anspruch auf Vollständigkeit oder Systematik
zu nennen.

2.3. Organisationen als Instanzen von Sozialisation und sozialer Kontrolle

Ausrichtung auf einen spezifischen Zweck, arbeitsteilige Gliederung und Koordination durch eine Leitungsinstanz sind jene
drei Merkmale, durch die sich Organisationen von anderen dau-
erhaften sozialen Gebilden unterscheiden. Aus der Verbindung
von spezifischem Zweck und arbeitsteiliger Gliederung folgt
für jede Person, die einer Organisation angehört, daß sie ihre
besondere Bedeutung für diese Organisation weder aus ihren allgemeinen Qualitäten als menschliches Wesen, noch aus ihren
spezifischen Eigentümlichkeiten und Charakterzügen als menschliches Individuum erhält, sondern aus den spezifischen Bei-
trägen, die sie aufgrund ihrer Funktion im arbeitsteiligen Gefüge der Organisation zu leisten hat, leisten kann und leisten
will, um den Organisationszweck zu erreichen:

"Die menschliche Beziehung der in der Organisation zusammengefaßten Einzelnen untereinander ist also insofern durch die
Besonderheit der Einzelnen bestimmt, als diese nicht primär
als Freunde oder als einander respektierende Persönlichkeiten oder als aneinander interessierte Vertragspartner einander gegenübertreten, sondern als Funktionsträger" (PIEPER,
1948, S. 67).

Organisationsleitungen stehen vor der stets prekären und immer problematischen Notwendigkeit, durch entsprechende Vorkehrungen dafür Sorge tragen zu müssen, daß trotz des möglichen Auseinanderfallens von "organisatorischem Zweck" und
"individuellem Motiv" (BARNARD, 1976, S. 146) die einzelnen
Personen jene Beiträge erbringen, die ihnen aufgetragen sind
und von deren Leistung die Verwirklichung des Organisationszweckes abhängig ist. Die der Organisation und ihren Leitungsinstanzen hierzu zur Verfügung stehenden Mittel sind insbesondere:

<u>Rekrutierung</u> entsprechend qualifizierten und motivier-
ten Personals:

<u>Arbeitsamt:</u> Berufsberater, Arbeitsberater, Arbeits-
vermittler, Versicherungssachbearbeiter, Verwaltungs-
angestellte, Gruppenleiter, Abschnittsleiter, Abteilungsleiter;

<u>Berufsschule:</u> Berufsschullehrer, technische Lehrer,
Schulleiter, Fachvorsteher, Sekretärin;

<u>Autohaus:</u> Verkäufer, Verwaltungsangestellte, Kfz-Schlos-
ser, Kfz-Mechaniker, Kfz-Elektriker, Lackierer, Klempner,
Kundendienstsachbearbeiter, Personalsachbearbeiter, La-
gerverwalter, Meister, Abteilungsleiter etc..

<u>Organisationsspezifische Sozialisation</u> der einzelnen
Organisationsangehörigen, um sie mit den erforderlichen
Fähigkeiten, Fertigkeiten, Wissensbeständen und Handlungs-
kompetenzen sowie Motivationen auszustatten, diese zu erhalten oder zu entwickeln.

<u>Beeinflussung</u> der Organisationsangehörigen mit den ver-
schiedenen, für Zwecke <u>sozialer Kontrolle</u> geeigneten Methoden und Techniken dahingehend, daß sie stets bereit
und motiviert sind, ihre Qualifikationen für die organisatorischen Zwecke ihren Aufgaben entsprechend einzusetzen und zur Verwirklichung der Organisationsziele möglichst 'reibungslos' zu kooperieren.

Im Rahmen der <u>organisationsspezifischen Sozialisation</u> geht es
in erster Linie darum, den zur jeweiligen Organisation gehörenden Personen jene fachlichen Qualifikationen, technischen
Fertigkeiten, sozialen Normen, Verhaltensweisen, Rollenmuster,
Werthaltungen, Einstellungen und Überzeugungen zu vermitteln,
die benötigt werden oder erforderlich scheinen, die Organisationszwecke im Rahmen der jeweils zugeteilten Organisationsaufgaben im arbeitsteiligen Prozeß zu verwirklichen. Eine solche, seitens der jeweiligen Organisation zu leistende spezifische Sozialisation ist allerdings nur in jenem Umfange erforderlich, wie die Vermittlung nicht bereits in Sozialisations-

prozessen außerhalb der Organisation selbst (z.B. in Familie
und Bildungseinrichtungen) in ausreichendem und mit den Organisationszielen vereinbarem Maße erfolgt ist oder geschieht.
6+)

Bei der <u>organisationsspezifischen sozialen Kontrolle</u> geht es
vor allem darum, die zur Organisation gehörenden Personen
durch entsprechende Belohnungen und Strafen zu motivieren,
unabhängig von ihren privaten Wünschen und Interessen ihre
spezifische Qualifikation im Rahmen der ihnen übertragenen
Aufgaben und im Interesse des Organisationszweckes einzusetzen
und ihre Funktionen zu erfüllen. [7+]

Ein anderer Aspekt der Wirkung organisationsspezifischer Sozialisation bedarf noch der Erwähnung: die Tätigkeit in Organisationen kann die Persönlichkeit verändern. Begreift man Personen nicht als unveränderbare Persönlichkeiten, sondern als
in der Auseinandersetzung mit der jeweiligen Umwelt veränder-
bare 'Persönlichkeitskerne' oder 'Verhaltensdispositionen'
(s. Abschnitt 6.2), so geht von der organisationsspezifischen
Sozialisation und der sozialen Kontrolle in Organisationen
noch eine andere Sozialisationswirkung dann aus, wenn die Einwirkung der Organisation intensiv und von langer Dauer ist:
Sie verändern die diesem Einfluß ausgesetzten Personen in
ihren 'Persönlichkeitskernen' oder 'Verhaltensdispositionen'.

Jedenfalls liegt diese Hypothese dem Regierungsprogramm zur
"Humanisierung des Arbeitslebens" zugrunde, das nach dem jüng-
sten Leitplan von folgendem ausgeht:
"Die Arbeit schafft die materielle Existenzgrundlage des
menschlichen Lebens; durch sie erstellt der Mensch die Güter,
die ihm den Lebensunterhalt sichern. Die Arbeit nimmt aber
auch einen wesentlichen Teil der Lebenszeit des Menschen in
Anspruch. Durch sie erhält er die Möglichkeit zur Entwicklung
und sinnvollen Anwendung seiner Fähigkeiten und damit zur
Selbstverwirklichung. Die Arbeitsbedingungen sind daher von
ausschlaggebender Bedeutung für unser Leben - nicht nur während der Arbeitszeit, sondern sie wirken auch in die arbeits-

freie Zeit hinein. So wird derjenige, der seine körperlichen
und nervlichen Kräfte während der Arbeit verausgabt, kaum dazu in der Lage sein, seine Freizeit aktiv zu gestalten. Er
wird weniger Engagement für seine gesellschaftliche Umgebung
entwickeln können" (BMFT, 1978, S.2).

Die in diesen Sätzen enthaltene Vorstellung, daß die Arbeit
den Menschen formt, ist keineswegs neu. Sie gehört zum tradi-
tionellen Gedankengut der Sozialphilosophen und der Sozialwissenschaften. Sie wurde geteilt von so verschiedenen Den-
kern wie Adam SMITH, in seinem 1776 erschienenen Hauptwerk
"Über Natur und Ursachen des Volkswohlstandes" (1923, 3. Bd.
S. 122ff.), Alexis de TOCQUEVILLE, in seiner Studie "Über die
Demokratie in Amerika" von 1840 (1956, S. 156) und Karl MARX,
in den um 1844 verfaßten "ökonomisch-philosophischen Manus-
kripten" (1970, S. 154ff.). Eberhard ULICH faßte sie in einer
Abhandlung zur "Humanisierung am Arbeitsplatz" (1978, S.185
bis 193) in folgende Hypothesen zusammen:
"1. Die Art der Arbeitstätigkeit leistet einen entscheiden-
    den Beitrag zur Entwicklung der Persönlichkeit des er-
    wachsenen Menschen.
2. Die Art der Arbeitstätigkeit beeinflußt in entscheidender
    Weise das Verhalten in der arbeitsfreien Zeit." 8)

Wir werden auf diese Hypothesen im fünften und sechsten Kapitel zurückkommen, wo es um den Zusammenhang von Individuum,
Organisation und Gesellschaft geht, und uns dabei insbesondere mit dem problematischen Verhältnis von 'Organisationsrollen und Individualität' und seinen Konsequenzen sowohl
für die Personen als auch für die Organisationen befassen.

Der Annahme, daß die Arbeit den Menschen formt und folglich
auch die Art der Berufstätigkeit in Arbeitsorganisationen,
wird von manchen entgegengehalten, daß dies keineswegs so
sei, sondern nur so zu sein scheine. Als Begründung wird gesagt, daß die Menschen sich eine ihren Eignungen, Fähigkeiten
und Neigungen entsprechende Arbeit suchten, d.h. daß die
Menschen sich ihre Arbeit entsprechend wählten.

Man ist heute leicht geneigt, in Organisationen, insbesondere
in Arbeitsorganisationen, Herrschaftsinstrumente in den Händen von Eliten zu sehen, die danach trachten, durch entsprechende Rekrutierung, Sozialisation und soziale Kontrolle sich
Menschen gefügig und ihren Zwecken dienstbar zu machen. Dabei
orientiert man sich an großen, mächtigen und international
agierenden multinationalen Konzernen oder ähnlichen Großorga-
nisationen sowie an großen staatlichen oder privaten Bürokra-
tien. Diese können die genannten Wirkungen entfalten, entfalten sie oft auch, müssen dies aber keineswegs so zwangsläufig
wie Robert MICHELS in seinem 'ehernen Gesetz der Oligarchie'
zum Ausdruck bringt.

Organisationen, auch Arbeitsorganisationen, können unter entsprechenden institutionellen Bedingungen auch für den einzelnen Menschen entlastende Funktionen haben. Vorausgesetzt wird
hierbei, daß die rechtlichen wie die faktischen Regelungen jeden Mißbrauch des Menschen als 'Mittel' einer Organisation ver-
hindern und daß die übertragenen Aufgaben 'menschenwürdig'
sind.

Organisationen beanspruchen gemäß ihrer Zielsetzung und ihrer
arbeitsteiligen Gliederung nicht den Menschen total, sondern
nur partiell, nämlich insoweit, wie dies zur sachgerechten Erfüllung der dem einzelnen Organisationsangehörigen übertragenen Aufgaben erforderlich ist oder zu sein scheint. Aus den
Überlegungen zu Beginn dieses Abschnittes läßt sich folgern,
daß jede Organisation ihren 'Zuständigkeitsbereich' über-
schreitet, die von ihren Angehörigen mehr fordert als für die
angemessene Erfüllung der übertragenen Funktionen notwendig ist:

> Dem Autoverkäufer obliegt der Autoverkauf, jedoch nicht
> die Autoreparatur oder die Lagerverwaltung.
>
> Dem Berufsberater ist nicht die Aufgabe übertragen, als
> Arbeitsvermittler, als Versicherungsbearbeiter, als Kin-
> dergeldspezialist oder als Abschnittsleiter zu fungieren.

Der Auszubildende hat sich ausbilden zu lassen und alle
diesem Ziele dienenden Aufgaben zu übernehmen, er braucht
jedoch keineswegs persönliche Dienstleistungen für Meister, Geschäftsführer oder Gesellen zu verrichten, jedenfalls nicht kraft seiner Position als Auszubildender.

Soweit dem einzelnen Organisationsangehörigen Aufgaben zuge-
mutet oder abverlangt werden, deretwegen er nicht eingestellt
wurde, liegt hierin eine Überschreitung des in Organisationen
als Organisationen zumutbaren Einflußbereichs. Daß dies in
der Praxis häufig geschieht, liegt in der mangelnden Beschrän-
kung auf die kraft Organisationsstatut, Arbeitsvertrag oder
Vereinssatzung geregelten Aufgaben und Funktionen. Wir werden uns mit dieser Thematik später noch ausführlicher beschäftigen müssen, wobei eine Differenzierung nach Organisationstypen und Positionen in Organisationen unerläßlich sein wird.

2.4. Organisationen als Agenturen sozialen Wandels

Organisationen sind ein spätes Produkt gesellschaftlicher Entwicklung. Die Verlagerung von praktischen Problemlösungen in
Organisationen setzte voraus, daß die gesellschaftliche Arbeitsteilung bereits weiter fortgeschritten war, daß sie sich
von der primär verwandtschaftlichen Grundlage gelöst hatte
und daß eine von spezifischen Zwecken ausgehende und vornehmlich auf deren Verwirklichung gerichtete Zusammenfassung
menschlichen Arbeitsvermögens in jeweils eigens geschaffenen
Zusammenschlüssen für möglich, zulässig, erfolgreich und
durchsetzbar angesehen wurde. Organisationen entstanden und
entstehen noch heute als konkrete Antwort auf konkrete gesellschaftliche Problemlagen, deren angemessene Lösung das
Vermögen einzelner Personen oder von Primärgruppen überfor-
dert oder zu überfordern scheint. In Organisationen schlägt
sich der erreichte Entwicklungs- und Erkenntnisstand einer
Gesellschaft oder relevanter gesellschaftlicher Gruppierungen nieder, werden einmal bewährte Problemlösungen auf Dauer

gestellt und neue erprobt. Überlebende Organisationen sind
Indikatoren für bislang geglückte Lösungen sozialer Problemlagen. In ihren Strukturen hat erfolgreiches Handeln des homo
faber in der Auseinandersetzung mit der Natur und der gesellschaftlichen Umwelt sich niedergeschlagen und verfestigt.

In dem Maße, wie Organisationen zur vorherrschenden Art und
Weise wurden, in der sich die Mitglieder einer gegebenen Gesellschaft mit der Bewältigung bestimmter Lebens- und Überle-
bensprobleme befassen, werden die Organisationen selbst zu
wichtigen Faktoren der weiteren gesellschaftlichen Entwicklung, werden sie zu Motoren oder zu Agenturen des sozialen
Wandels. Als solche können sie Wandlungsprozesse anstoßen, be-
schleunigen, aber auch, wenn sie groß und einflußreich genug
sind, zeitweise stoppen oder in eine andere Richtung lenken.
Hinreichende Beispiele dafür liefern Kirchen, Staatsbürokratien, große Industrie- und Handelsunternehmen oder Banken,
Parteien und mächtige Gewerkschaften.

Ein Beispiel für die Bedeutung von Organisationen als Motore
oder Agenturen sozialen Wandels ist die <u>Bundesanstalt für
Arbeit</u>, der die einzelnen Arbeitsämter als regionale Organi-
sationseinheiten angehören. In dieser Anstalt, die 1952 als
'Bundesanstalt für Arbeitsvermittlung und Arbeitslosenver-
sicherung' errichtet wurde und mit der die Tradition der
1927 gegründeten 'Reichsanstalt für Arbeitsvermittlung und
Arbeitslosenversicherung' fortgesetzt wurde, erhielten die
Aufgaben der Arbeitsvermittlung, der Arbeitslosenversicherung
und der Berufsberatung ihren institutionellen Ort in der
Wirtschafts- und Gesellschaftsordnung der Bundesrepublik
Deutschland und ihre organisatorische Fassung. In dieser
Organisation wurden jene Problemlösungen auf Dauer gestellt
und fortentwickelt, die mit der Armenpflege und der Vermittlung von Arbeitsstellen als humanitärer Aufgabe in der früh-
kapitalistischen Gesellschaft begannen und sich über die verschiedenen Arbeitsnachweise kommunaler, privater, unterneh-

merischer und gewerkschaftlicher Trägerschaft fortsetzten.
Mit der Gründung der 'Reichsanstalt' wie mit jener der 'Bundesanstalt' gewann die Aufgabenstellung auf dem Arbeitsmarkt
eine neue Dimension. Von beiden Anstalten gingen Impulse aus,
die bis in politische Entscheidungen hinein wirksam wurden
und die institutionellen Bedingungen des 'Arbeitsmarktes"
veränderten.[9+)

2.5. Organisationen als menschliche Erfindungen und Konstruktionen

Organisationen sind Erfindungen des Menschen, von konkreten
Personen konstruierte und auf die Verwirklichung spezifischer
Zwecke hin arbeitsteilig strukturierte Zusammenschlüsse konkreter Personen. Die Bundesanstalt für Arbeit wurde an einem
bestimmten, genau lokalisierbaren Ort zu einer bestimmten,
eindeutig feststellbaren Zeit von bestimmten, eindeutig iden-
tifizierbaren Personen auf der Grundlage von diesen anerkann-
ter Verfahrensregeln und Rechtsnormen als Körperschaft öffentlichen Rechtes errichtet und mit einem entsprechenden Auftrag
versehen. Für eine jede Berufsschule gilt ähnliches. Und nicht
viel anders verhält es sich mit dem Autohaus.

Dieser Sachverhalt, der für die Beurteilung des Handelns in
und von Organisationen ebenso wichtig ist wie für die Ab-
schätzung der Handlungschancen und der Wandlungsmöglichkeiten,
die Organisationen den Organisationsangehörigen wie dem Publikum eröffnen, gerät in der Alltagssprache wie in der Sprache
mancher Organisationsexperten allzu leicht in Vergessenheit.
Hier ist die Rede von Organisationszielen, von Organisationshandeln, von Organisationsnotwendigkeiten und von Organisa-
tionszwängen etc..Dabei entsteht leicht der Eindruck, es handele sich bei Organisationen nicht um Zusammenschlüsse von
Menschen, sondern um selbständige, die Menschen übersteigende

reale Wesenheiten, die Ziele haben, die handeln können, von
denen Zwänge ausgehen und die Notwendigkeiten setzen.

Dieser Eindruck wird noch verstärkt, wenn man mit LUHMANN
(1976, S. 197) konstatiert:

"Sozialsysteme (hier: Organisationen, G.B.) bestehen nicht
aus konkreten Personen mit Leib und Seele, sondern aus konkreten Handlungen. Personen sind - sozialwissenschaftlich gesehen - Aktionssysteme eigener Art, die durch einzelne Handlungen in verschiedene Sozialsysteme hineingeflochten sind,
als System jedoch außerhalb des jeweiligen Sozialsystems stehen. Alle Personen, auch die Mitglieder, sind daher für das
Sozialsystem Umwelt. In einzelnen Handlungen kommen Sozialsystem und Personalsystem zur Deckung, als Systeme stehen sie
einander gegenüber, bilden selbständige Ordnungsschwerpunkte
mit eigener Bestandsproblematik und halten sich gegeneinander
relativ invariant."

Eine solche Sprache suggeriert dem Leser, Organisationen seien
handlungsfähige, selbständig handelnde, wahrnehmende, Informationen aufnehmende und verarbeitende, sich selbst steuernde, Entscheidungen treffende, unabhängig von Personen wie
Personen wirkende Gebilde oder Wesen und nicht soziale Kollektive, Zusammenschlüsse von Menschen, die nur in und durch konkrete Personen handeln können. Für bestimmte

"(z.B. juristische) Erkenntniszwecke oder für praktische Ziele
kann es ... zweckmäßig und geradezu unvermeidlich sein: soziale Gebilde ('Staat', 'Genossenschaft', 'Aktiengesellschaft',
'Stiftung') genau so zu behandeln, wie Einzelindividuen (z.B.
als Träger von Rechten und Pflichten oder als Träger rechtlich relevanter Handlungen). Für die verstehende Deutung des
Handelns durch die Soziologie sind dagegen diese Gebilde lediglich Abläufe und Zusammenhänge spezifischen Handelns einzelner Menschen, da diese allein für uns verständliche Träger von sinnhaft orientiertem Handeln sind."

Ich folge hier Max WEBER (1964, S. 10) sowie dem von Raymond
BOUDON (1979, S. 186) formulierten methodologischen   Prinzip,

"daß makrosoziologische Phänomene (also auch Organisationen,
G.B.) als Ergebnis der Aggregation elementarer Handlungen
analysiert werden sollten, selbst wenn sie ihrer Definition
nach auf der gesellschaftlichen Ebene sichtbar werden. Jede
dieser Handlungen wird von ihrer eigenen Rationalität geleitet, wobei die Rationalität von den vorhandenen Institutionen
abhängig ist."

Aus dieser Sicht erscheint die jeweilige Struktur einer Organisation als das komplexe Resultat einer Vielzahl aufeinander bezogener und wechselseitig miteinander verknüpfter, von je eigener und zugleich begrenzter Rationalität geleiteter Handlungen jener Personen, die der Organisation angehören (haupt- oder nebenamtlich, zeitweise oder auf Dauer) oder zu ihr in Beziehung stehen und an ihr partizipieren oder von ihr profitieren.

Einer solchen Perspektive trägt am ehesten die von mir geteilte Überzeugung von T. Barr GREENFIELD (1975, S. 20) Rechnung:
"Die meisten Organisationstheorien vereinfachen die Realität, mit der sie sich befassen, in ungeheuerlicher Weise. Der Versuch, Organisationen als ein einziges Gebilde mit eigenem Leben, losgelöst von den Wahrnehmungen und Überzeugungen der von ihr Betroffenen zu sehen, verstellt uns den Blick auf ihre Komplexität und die Vielfalt an Organisationen, die Menschen um sich herum entstehen lassen. Er läßt uns glauben, wir müßten ein abstraktes, 'Organisation' genanntes Ding ändern, statt sozial aufrechterhaltene Überzeugungen darüber, in welcher Beziehung Menschen zueinander stehen sollten und wie sie erstrebte Ziele erreichen können. Je genauer wir uns Organisationen ansehen, desto wahrscheinlicher finden wir Auswirkungen verschiedener menschlicher Sinnverständnisse. Im Mittelpunkt der Untersuchung sollte nicht stehen, 'Was sollte zur Verbesserung der Organisation getan werden?', sondern, 'Wessen Auffassungen definieren das richtige Tun der hier miteinander verbundenen Menschen?'."

Anmerkungen zu Kapitel 2:

1) Von der es, wie wir in Kapitel 3 sehen werden, eine Menge Ausnahmen gibt.

2) Hierunter verstehe ich hier keine Dienstleistungen, die man oft auch unter den Begriff Güter faßt, oder andere Wohltaten, sondern ausschließlich materielle Objekte, die brauch- oder verbrauchbar sind und die in unserer Wirtschaftsordnung den Charakter von Waren haben.

3+)Wer sich für einen knappen Überblick über die verschiedenen Typen von Organisationen und ihre geschichtliche Entwicklung interessiert, findet diesen bei MAYNTZ (1963 u.später, S. 8-18).

4+) Es dürfte sich lohnen, diesen nicht gerade leichten Text
    von GABRIEL (1976) einmal durchzuarbeiten, in dem er der
    Frage nachgeht, wie das Phänomen Organisation von Karl
    MARX, Max WEBER und Emile DURKHEIM sowie in den neueren
    evolutionstheoretischen Ansätzen von Talcot PARSONS,
    Niklas LUHMANN und Jürgen HABERMAS eingeschätzt und be-
    urteilt wird.

5+) Sie sollten einmal die Ausführungen von MARX über Koope-
    ration lesen, die auszugsweise in dem Sammelband
    'Organisation und Herrschaft' abgedruckt sind. Diese Aus-
    führungen lassen sehr gut deutlich werden, wie die je-
    weilige spezifische Form der Kooperation zum einen vom be-
    treffenden Wirtschafts- und Gesellschaftssystem, zum an-
    deren von der spezifischen Zweckbestimmung der jeweiligen
    Organisation abhängig ist.

6+) Organisationsspezifische Sozialisationsprozesse zielen ab
    auf die Herausbildung dessen, was BARNARD (1976, S.144 bis
    146) 'Organisationspersönlichkeit' genannt hat.

7+) Wer sich ausführlicher informieren will, sei hingewiesen
    auf das Kapitel 'Individuum und Organisation' in:
    BÜSCHGES/LÜTKE-BORNEFELD (1977, S. 54-86).

8) Zitiert nach der Zusammenfassung von Hans BENNINGHAUS in
    seinem Projektantrag 'Auswirkungen von Arbeitsbedingungen
    auf das Wohlbefinden, das Freizeitverhalten und die poli-
    tische Partizipation'. Ms. Köln: 1980, S. 5.

9+) Wer sich für diese Entwicklung interessiert, sei hinge-
    wiesen auf die Arbeit von Otto UHLIG (1970). Dem histo-
    risch interessierten Leser sei ferner die Lektüre von
    Gustav SCHMOLLER (1959) empfohlen, der sich kritisch mit
    der Entwicklung der Großbetriebe auseinandersetzt.

3. Organisationen als Gegenstand der Sozialwissenschaft

In diesem Kapitel wechselt die Perspektive. Standen bisher
Organisationen als Gegenstand der Alltagserfahrung im Vordergrund unseres Interesses, so stehen nunmehr Organisationen
als Gegenstand der Sozialwissenschaft, insbesondere der Soziologie, im Mittelpunkt.

3.1. Unbestimmtheit und Mehrdeutigkeit des Organisations- begriffs

Wie die meisten Grundbegriffe der Sozialwissenschaften stammt
auch der Begriff 'Organisation' aus der Umgangssprache. Dies
hat u.a. zur Folge, daß der Begriff mehrdeutig und unbestimmt
ist. Je nach Sprechsituation, Zielsetzung, Fragestellung und
Objektbezug, wissenschaftlicher Perspektive, theoretischem
Ansatz und Bezugsrahmen kann er auf sehr verschiedene, manchmal gar widersprüchliche Sachverhalte verweisen. Man muß sich
folglich bei Gesprächen wie bei der Lektüre jeweils erst ver-
sichern, welche Begriffsinhalte gemeint sind, wenn von Organisation gesprochen wird. Mangels hinreichender Definitionen
und Explikationen ergibt sich die spezifische Bedeutung oft
erst aus dem Zusammenhang, in dem der Begriff verwandt wird.
Wegen der Vielfalt und Verschiedenartigkeit der Vorstellungs-
inhalte, die gemeint sein können, wenn von Organisation die
Rede ist, sowie wegen der fehlenden eindeutigen Entscheidungskriterien, ob ein bestimmter Sachverhalt als unter den Begriff
fallend zu klassifizieren ist oder nicht, kann nicht immer
eindeutig entschieden werden, welche Phänomene jeweils erfaßt
werden und welche nicht.

Zwei aufeinander bezogene und einander ergänzende Organisa-
tionsbegriffe sind heute am gebräuchlichsten:

ein <u>dynamischer</u>, der den prozessualen Aspekt betont und
in der Regel mit einer Vorstellung von Organisation als
Instrument verkoppelt ist,

ein eher <u>statischer</u>, den strukturellen Aspekt von Organisation herausstellender.

Der erste versteht unter Organisation den <u>Prozeß des Organi-
sierens</u>, nämlich die planmäßige Herstellung einer Ordnung,
eines Gefüges, einer Struktur oder eines Systems, z.B.: die
Gestaltung der Bundesanstalt für Arbeit; die Ordnung eines
Arbeitsamtes; die Entwicklung der Struktur eines Autohauses
unter besonderer Berücksichtigung der Verteilung der verschiedenen Arbeitsaufgaben und ihrer Kombination; die 'Organisation' einer neu zu errichtenden Berufsschule.

Der zweite meint mit Organisation das <u>Resultat des Organi-
sierens</u>, die hergestellte oder geschaffene Ordnung, die Organisiertheit, das Gefüge, die Struktur, das System, z.B.:
die Gliederung der Bundesanstalt für Arbeit; die Organisationsstruktur eines Arbeitsamtes; die Ordnung einer Berufsschule; die 'Aufbauorganisation' eines Autohauses.

Erschwerend tritt nun noch hinzu, daß beide Varianten, sowohl
deskriptiv, nämlich einen bestimmten Ausschnitt der
'Organisationswirklichkeit' (der Bundesanstalt, eines
Arbeitsamtes, einer Berufsschule, eines Autohauses),
genau beschreibend, als auch

<u>analytisch</u>, nämlich lediglich einen bestimmten Aspekt
der 'Organisationswirklichkeit' betonend,

verwandt werden.

So wird z.B. mit dem Begriff Organisation im statischen (also
dem zweiten) Sinne

zum einen ein zweckbestimmter Zusammenschluß von Personen mit arbeitsteiliger Gliederung bezeichnet, wie
wir dies eingangs taten, als wir der Frage nachgingen:
'Was versteht man unter Organisation?'

Es kann aber auch ein soziales Handlungssystem, ein
bestimmte Regelmäßigkeiten sozialen Handelns wider-
spiegelndes und institutionell geregeltes Geflecht
sozialer Interaktionen gemeint sein, z.B. wenn man
vom Autohaus als 'sozialer Organisation' spricht oder
wenn man den Terminus 'formale Organisation' benutzt.

Dieser Tatbestand verweist nun allerdings keineswegs, wie
man leicht anzunehmen geneigt ist, auf das Unvermögen oder
die Uneinigkeit oder den mangelnden Reifegrad jener Wissenschaften, die sich mit dem Phänomen Organisation befassen.
Er folgt aus der Sache selbst und aus der Art, wie Wissenschaft betrieben wird und nur betrieben werden kann. Diese
Schwierigkeit läßt sich auch nicht dadurch aus der Welt
schaffen, daß der Begriff Organisation vermittels einer Kon-
vention, einer Übereinkunft der Organisationsforschung betreibenden Wissenschaftler für eine bestimmte Klasse von sozialen
Gebilden oder Systemen reserviert wird. Doch da ich es weder
für möglich halte, aus Begriffen Wesensmerkmale herzuleiten,
um Aufschluß über die soziale Wirklichkeit zu erhalten, noch
daran glaube, daß eindeutige Definitionen unabhängig von jedem theoretischen Bezug zu erlangen sind, sehe ich in dieser
Schwierigkeit keinen großen Nachteil. Ich halte sie vielmehr
für unvermeidlich. Dazu muß allerdings jeweils deutlich gemacht werden, was mit dem Begriff Organisation gemeint ist.

Wir wollen hier und im folgenden unter Organisationen verstehen:

Von bestimmten Personen gegründetes, zur Verwirklichung
spezifischer Zwecke geschaffenes, planmäßig gestaltetes,
herrschaftlich verfaßtes, komplexes, relativ dauerhaftes
und strukturiertes Aggregat (Kollektiv) arbeitsteilig
interagierender Personen, das über wenigstens ein Ent-
scheidungs- und Kontrollzentrum verfügt 1), welches die
Kooperation steuert und dem als Aggregat Aktivitäten
oder wenigstens deren Resultate zugerechnet werden können.
2+)

3.2. Ansätze, Perspektiven und Fragestellungen der Organisationswissenschaften

Vielfalt, Vielschichtigkeit und Wandelbarkeit der Organisationen, die unsere soziale Wirklichkeit ausmachen, erfordern für Zwecke der wissenschaftlichen Analyse wie auch für Zwecke des praktischen Handelns eine Sichtweise, die die Komplexität der Organisationswirklichkeit auf einen als relevant erachteten Ausschnitt, auf einige wenige, für charakteristisch gehaltene Dimensionen reduziert. Diese Reduktion leisten die theoretischen Ansätze und Perspektiven nebst den ihnen zugehörigen Begriffen und zentralen Kategorien. Für die jeweiligen Zielsetzungen und Fragestellungen, für die Gegenstände und für die Methoden, für den wissenschaftlichen Ertrag und für den praktischen Nutzen empirischer Organisationsanalysen sind sie von ausschlaggebender Bedeutung. Von ihnen hängen insbesondere ab

> die Formulierung der Problemstellung,
>
> das theoretische Modell, das den Forschungsprozeß steuert,
>
> Explikation und Definition nebst Operationalisierung dessen, was jeweils unter Organisationen zu verstehen ist,
>
> Dimensionalität und Reichweite des Forschungsdesigns wie der Forschungsresultate.

Angesichts der Komplexität des Organisationsphänomens wundert es nicht, daß sich mit ihm Wissenschaftler verschiedener Disziplinen mit z.T. beträchtlichen Unterschieden in den Sichtweisen, theoretischen Ansätzen und Schwerpunkten sowie in den praktischen Interessen beschäftigt haben und beschäftigen. Die Folge ist eine Vielzahl teils voneinander unabhängiger, teils miteinander verbundener oder konkurrierender Perspektiven und Modelle. Versuche, diese Vielfalt zu systematisieren, wurden verschiedentlich unternommen. Sie führten jedoch höchstens zu einer von gewissen 'Schulen', jedoch nicht von allen

Organisationsforschung betreibenden Wissenschaftlern akzep-
tierten Systematik. So viel läßt sich heute vielleicht sagen,
ohne die wissenschaftliche Wirklichkeit allzusehr zu verge-
waltigen: Organisationen werden betrachtet von

> Psychologen vornehmlich als Aggregate wahrnehmender,
> denkender, wissender, wertender, fühlender und inter-
> agierender Personen,
>
> Sozialpsychologen eher als organisierte Gruppen von In-
> dividuen oder als Informationen verarbeitende und Ent-
> scheidungen treffende Interaktionssysteme,
>
> Soziologen vielfach als zweckbestimmte, kooperative
> soziale Gebilde, als zielgerichtete, strukturierte
> soziale Systeme oder als Instrumente oder Verbände zum
> Zwecke sozialer Herrschaft,
>
> Wirtschaftswissenschaftlern in erster Linie als wirt-
> schaftliche Aktionszentren oder als Instrumente zur
> Produktion von Gütern oder Dienstleistungen in der
> Hand von Unternehmern oder Managern,
>
> Ingenieurwissenschaftlern als funktional organisierte
> Mensch-Maschine-Systeme,
>
> Systemtheoretikern schließlich als zielgerichtete,
> grenzenerhaltende, Gleichgewichtszustände anstrebende,
> aus interdependenten Elementen bestehende Systeme.

Hinsichtlich dieser verwirrenden Vielfalt gilt es, sich die
Einsicht Max WEBER's zu vergegenwärtigen, die er 1904 formu-
lierte, als er für das 'Archiv für Sozialwissenschaften und
Sozialpolitik' die Herausgeberschaft übernahm:

"Denn keines jener Gedankensysteme, deren wir zur Erfassung
der jeweils bedeutsamen Bestandteile der Wirklichkeit nicht
entraten können, kann ja ihren unendlichen Reichtum erschöp-
fen. Keines ist etwas anderes als der Versuch, auf Grund des
jeweiligen Standes unseres Wissens und der uns jeweils zur
Verfügung stehenden begrifflichen Gebilde, Ordnung in das
Chaos derjenigen Tatsachen zu bringen, welche wir in den
Kreis unseres Interesses jeweils einbezogen haben. Der Ge-
dankenapparat, welchen die Vergangenheit durch denkende Be-
arbeitung, d.h. aber in Wahrheit: denkende Umbildung der
unmittelbar gegebenen Wirklichkeit und durch Einordnung in
diejenigen Begriffe, die dem Stande ihrer Erkenntnis und
der Richtung ihres Interesses entsprachen, entwickelt hat,
steht in steter Auseinandersetzung mit dem, was wir an neuer
Erkenntnis aus der Wirklichkeit gewinnen können und wollen.

In diesem Kampf vollzieht sich der Forschritt der kultur-
wissenschaftlichen Arbeit. Ihr Ergebnis ist ein steter
Umbildungsprozeß jener Begriffe, in denen wir die Wirklichkeit zu erfassen suchen. ... in den Wissenschaften
von der menschlichen Kultur (hängt, G.B.) die Bildung der
Begriffe von der Stellung der Probleme (ab), und ... diese
letztere (ist) wandelbar ... mit dem Inhalt der Kultur
selbst" (WEBER, 1922, S. 207).

Wer Organisationen als Instrumente zur Durchsetzung und Sicherung sozialer Herrschaft begreift, wird andere Fragen stellen und andere Antworten finden als jener, der in ihnen Informationen verarbeitende und Entscheidungen treffende Inter-
aktionssysteme sieht, oder jener, der sie als organisierte
Gruppen betrachtet, oder jener, der sie für zielgerichtete
soziale Systeme hält.

Wegen der Bedeutung, die den verschiedenen Ansätzen für den
wissenschaftlichen Erkenntnisprozeß wie für praktische Hand-
lungsempfehlungen zukommt, seien nachstehend in einem knappen
- Beispiele und nähere Erläuterungen zwangsläufig aussparen-
den - Überblick wichtige sozialwissenschaftliche Ansätze und
ihre Perspektiven vorgestellt.

Wer den strukturell-funktionalen Ansatz wählt, interessiert
sich in erster Linie für die Bestandssicherung, die Entwicklung und das Überleben von Organisationen durch die Lösung
folgender vier, auf Talcott PARSONS (1953) zurückgehender und
interdependenter Systemprobleme: Zielorientierung und Zielverwirklichung in der und durch die Organisation, Umweltanpas-
sung und Mittelbeschaffung, Integration und Kontrolle, Erhaltung der normativen Struktur und der Mitgliedermotivation.

Wer einen entscheidungstheoretischen Ansatz zugrunde legt,
befaßt sich mit Problemen der Informationsbeschaffung und
-verarbeitung, der Entscheidungsfindung, -umsetzung, -durch-
setzung und -kontrolle und deren Bedeutung für Bestand,
Leistung und Veränderung von Organisationen.

Wer einen <u>systemtheoretischen Ansatz</u> bevorzugt und Organisationen nicht als 'geschlossene', sondern als 'umweltoffene' Systeme analysiert, wählt damit die Organisation, ihre Steuerungsleistung, ihre Bestandserhaltung und die Sicherung ihrer Leistung wie ihrer Anpassung an veränderte Umweltbedingungen zum Bezugspunkt der Analyse. Organisationsmitglieder, Klienten, Kunden und Publikum bezieht er in der Regel - wie z.B. LUHMANN (1964) - nur als 'Entscheidungsprämissen', 'Funktonsträger' oder 'Rollenspieler' mit ein, betrachtet die Individuen als Personen hingegen als Umwelt der Organisation. Damit läuft er leicht Gefahr, den Herrschaftsaspekt von Organisationen ebenso aus dem Auge zu verlieren wie die Motivationsprobleme.

Wer von einem <u>konflikttheoretischen Ansatz</u> ausgeht, stellt die aus den strukturellen Bedingungen und der herrschaftlichen Verfassung von Organisationen sowie aus der Kooperation von Menschen mit unterschiedlicher Herkunft und unterschiedlichen Interessen resultierende Konfliktlagen und aktuellen Konflikte nebst deren Konsequenzen in den Mittelpunkt seiner Untersuchungen. Dabei kann er leicht dazu verleitet werden, integrative Aspekte und Tendenzen ebenso zu übersehen wie konsensuelle Faktoren.

Wer einen <u>herrschaftssoziologischen Ansatz</u> bevorzugt, richtet sein Augenmerk vornehmlich:

- auf die Autoritäts- und Kontrollstrukturen von Organisationen,
- auf die Probleme der Legitimation, der Sicherung oder Wandlung von Hierarchie,
- auf Konsequenzen der Hierarchie für Bestand, Erfolg, Entwicklung, Kundschaft, Klientel und Publikum von Organisationen.

Er kann dabei leicht in Gefahr geraten, sämtliche Spannungszustände auf Herrschaftsstrukturen zurückzuführen und individuelle Einflußbeziehungen mannigfacher Art zu übersehen oder als strukturelle zu deuten.

Wer einen <u>kontingenztheoretischen oder situativen Ansatz</u> wählt, stellt die Frage ins Zentrum seiner Analysen, welche Beziehungen zwischen der jeweiligen Organisationsstruktur und verschiedenen Umweltbedingungen Voraussetzungen für den Erfolg oder die Bestandssicherung einer Organisation sind. Er sucht nach der jeweils zweckmäßigsten Organisationsstruktur mit Rücksicht auf jeweils gegebene Umweltbedingungen und läuft dabei Gefahr, die Geschichte der Organisation, ihrer Mitglieder und ihrer Umwelt zu vernachlässigen und damit die Tatsache zu übersehen, daß die jeweilige Organisationsstruktur Ergebnis eines geschichtlichen Selektionsprozesses ist.

Wer sich zu einem <u>sozio-technischen Ansatz</u> entschließt, richtet sein Interesse auf die wechselseitige Bedingtheit von technologischen Gegebenheiten, sozialen Beziehungen, sozialen Strukturen und personellen Motivationen nebst deren Konsequenzen für den Erfolg und die Entwicklung von Organisationen. Er gerät dabei manchmal in Gefahr, die Technologie zum dominierenden Faktor der Organisationsgestaltung und des Erfolges zu machen und dabei zu übersehen, daß auch die Technologie nicht voll determinierend wirkt, sondern Dispositionsmöglichkeiten offen läßt.

Wer einem <u>interventionistischen Ansatz</u> verpflichtet ist, rückt die Organisationsentwicklung ins Zentrum seiner Studien und fragt nach den Möglichkeiten und Grenzen der aktiven Veränderung 'künstlich' geschaffener oder 'natürlich' gewachsener organisierter Gebilde. Für ihn ergibt sich häufig die Gefahr, daß er sowohl die herrschaftssoziologischen Probleme als auch die institutionellen Bedingtheiten individuellen Handelns in Organisationen in ihren Wirkungen nicht genügend berücksichtigt oder sie gar ganz übersieht.

Unbeschadet dieser Vielfalt von Ansätzen besteht unter Sozial-
wissenschaftlern heute wohl insoweit Einmütigkeit, daß es <u>kei-
ne universell geltenden Organisationsprinzipien</u> gibt und <u>kei-
ne schlechthin optimalen</u> und ohne Rücksicht auf die jeweiligen konkreten Umstände zweckmäßigen <u>Organisationsformen</u> [3].
Einig sind sich die meisten wohl auch darin, daß es unmöglich
ist, eine Organisation allein durch ihre planmäßige formale
Struktur und ihre Organisationsvorschriften hinreichend treffsicher zu beschreiben. Weniger einig ist man sich darin, Organisationen grundsätzlich als historisch gewachsene Gebilde,
als strukturierte Aggregate interagierender Personen zu begreifen sowie als Teile eines konkreten Wirtschafts- und Gesellschaftssystems, das sie in ihren Strukturen und Prozessen
bestimmt und das auch die Ziele und die Zwecke beeinflußt,
die von, in und durch Organisationen angestrebt werden.

Dies liegt nicht zuletzt daran, daß manche einem systemtheoretischen Ansatz den Vorzug geben. Wegen der Verbreitung dieses
Ansatzes und wegen der damit verbundenen Gefahren sei nachstehend die Kritik zitiert, die Günter HARTFIEL 1973 (S.127ff.)
in der 'Zeitschrift für Organisation' formulierte:

"Unternehmung oder Betrieb als System stehen schon am Beginn
der Analyse nicht mehr zur Diskussion, d.h. es wird nicht
mehr das System als Problem untersucht, sondern nur noch
Probleme des Systems. Alle Analyseelemente werden vom System
abgeleitet. Das System selbst, sein Überleben, gibt den er-
kenntnis- und praxisleitenden Maßstab an. Das System erhält,
als Bezugspunkt der Analyse, eine Art 'Subjekt'-Charakter.
Was die Einheit des Systems ausmacht, ob diese oder jene Einheit die richtige ist, wie es sich mit der Bedeutung und Konsequenzen bestimmter Grenzziehungen des Systems nach außen
verhält - solche 'politischen' Fragen werden von der Systemtheorie umgangen.

Die Grundeinheiten der organisationswissenschaftlichen Systemtheorie sind nicht Menschen als ganze Personen, sondern Aktivitäten, Handlungen. Die Menschen werden lediglich in der Weise als 'Systemelemente' betrachtet, wie aus der Gesamtheit
ihrer Handlungen diejenigen ein System konstituieren, die in
einem bestimmten Sinn aufeinander bezogen sind. Menschen werden praktisch als in Systemelemente 'zerlegt' vorgestellt. Es
ist vorstellbar, daß ein und dieselbe Handlung bei ein und

derselben Person zwei oder mehr voneinander unterscheidbare
Aspekte aufweist und entsprechend mehreren Systemen zuzurechnen ist. Menschen interessieren lediglich als "Funktionsträger", als "Rollenspieler". Der ganze Mensch ist nicht mehr
Teil des Systems, sondern - soweit er nicht selbst Energie-
quelle für einzelne Systemaktivitäten ist - nur noch prob-
lematische 'Umwelt' des Systems."

Diese Kritik macht die Gefährdungen deutlich, denen wissenschaftliche Analysen wegen ihres zwangsläufig vereinfachen-
den Zugriffs ausgesetzt sind. Es kommt darauf an, nicht vom
Relevanten zu abstrahieren und damit den Menschen zu verfehlen.

3.3. Organisationen als soziale Gebilde

Für die organisationssoziologische Analyse halte ich einen
theoretischen Ansatz für besonders fruchtbar, der Organisationen als Zusammenschlüsse von Personen begreift und in den
Individuen die Elemente jenes kollektiven Gebildes sieht, bis
zu denen die Analyse vorstoßen muß, wenn sie nicht ihr Ziel
verfehlen will. Erklärungskräftig ist ein solcher Ansatz aber
nur dann, wenn er zugleich der Tatsache Rechnung trägt, daß
die in Organisationen zusammengeschlossenen Individuen zwar
aufgrund ihrer je eigenen Intentionen und geleitet von ihrer
eigenen, begrenzten Rationalität in der Organisation handeln,
daß sie in ihrem Handeln jedoch nicht absolut frei sind, sondern gebunden an den institutionellen Rahmen und damit an das
Regelsystem, das die Organisation sowie die Gesellschaft vorgeben. Ein solcher Ansatz hat ferner zu berücksichtigen, daß
das Resultat kombinierter Einzelhandlungen nicht zwangsläufig
und in jedem Falle den aggregierten Intentionen der handelnden Individuen entspricht, sondern durchaus 'unerwartet',
'unbeabsichtigt' oder sogar 'unerwünscht' sein kann. Welcher
Effekt eintritt, hängt zum einen ab vom institutionellen Rahmen und zum anderen von der Struktur des Interaktionssystems,

welches die Organisation darstellt und in dem sich ihre Geschichte vorübergehend verfestigt hat.

Ich folge damit einem Prinzip, welches Raymond BOUDON (1980, S. 53) als <u>methodologischen Individualismus</u> beschrieben hat:
Der Soziologe muß "es sich zu einer methodischen Regel machen ..., die Individuen oder individuellen Akteure, die in einem Interaktionssystem einbezogen sind, als die logischen Atome seiner Analyse zu betrachten. Drückt man den gleichen Grundsatz auf negative Weise aus, so heißt dies, daß sich der Soziologe nicht mit einer Theorie zufriedengeben kann, welche Aggregate (Klassen, Gruppen, Nationen) als die elementarsten Einheiten behandelt, bis zu denen man sich vorarbeiten müßte."

Nach diesem Prinzip ist es zulässig, Gruppen wie Individuen zu behandeln und diesen anzugleichen, allerdings nur dann,
"wenn eine Gruppe organisiert und explizit mit Institutionen ausgestattet ist, die es ihr ermöglichen, kollektive Entscheidungen hervorzubringen" (BOUDON, a.a.O.).

Dies aber ist bei Organisationen gegeben. Organisationen ververfügen über eine Leitungsinstanz und damit über wenigstens ein Entscheidungszentrum, welches zu Entscheidungen ermächtigt und befähigt ist, welche die anderen Organisationsangehörigen binden.

Organisationen sind für mich soziale Gebilde, deren spezifische Struktur das komplexe Resultat einer Vielzahl aufeinander bezogener und wechselseitig miteinander verknüpfter, von je eigener und zugleich begrenzter Rationalität geleiteter elementarer Handlungen jener Personen ist, die dem sozialen Gebilde angehören oder angehörten oder - zeitweise oder auf Dauer - zu ihm in Beziehung stehen oder standen. Diese Struktur, auf die ich noch ausführlicher zu sprechen komme (s.4.2), repräsentiert das institutionell geregelte, Regelmäßigkeiten des Handelns widerspiegelnde Geflecht von Beziehungen, Einflußnahmen und Interaktionen. Es ist in den Organisationsvorschriften niedergelegt. Es ist in den Köpfen der Organisationsangehörigen symbolisch präsent. Es kommt in den organisationsspezifischen 'Sprachspielen' zum Ausdruck. Es schlägt sich nieder in den Organisationsprogrammen wie auch im Handeln der Organisationsangehörigen. Es steuert die Organisation als Handlungssystem dadurch, daß es als Handlungsbedingung und Handlungsrahmen in die Entscheidungen und die Optionen der einzelnen Organisationsangehörigen einfließt.

Diese recht abstrakte Formulierung möge zunächst genügen. Sie wird in den folgenden Kapiteln zunehmend konkretere Gestalt annehmen. Allerdings ist der Erkenntnisprozeß noch keineswegs weit fortgeschritten: dem hier vertretenen Ansatz entsprechende und hinreichend erklärungskräftige Theorien und Erklärungsargumente für die Beispielorganisationen liegen noch nicht vor. Die Aussagen haben deshalb zwangsläufig oft lediglich illustrativen, intuitiven oder hypothetischen Charakter. [3+)]

Organisationen sind soziale Gebilde besonderer Art. Sie unterscheiden sich von anderen regional und zeitlich lokalisierbaren Vereinigungen von Menschen vor allem dadurch, daß
hier eine "Zusammenfassung und Zuordnung von Menschen vorliegt, die auf ein kontinuierliches Zusammenwirken zu einem bestimmten Zweck hin angelegt ist" (BÜSCHGES/LÜTKE-BORNEFELD, 1977, S. 31).

Folgende Eigenschaften sind aus dieser Sicht für Organisationen besonders bezeichnend:

   Sie dienen einer besonderen Zielsetzung und Zweckbestimmung. Deswegen wurden sie geschaffen und deswegen existieren sie weiter (s. 2.1, 2.2, 2.3, 4.1).

   Sie verfügen über eine aus Zielsetzung und Zweckbestimmung resultierende und auf diese bezogene arbeitsteilige Differenzierung von Positionen und Rollen und eine diese stützende Formalisierung durch personenunabhängig formulierte Regeln und Verhaltensvorschriften (s. 2.1, 2.2.4, 4.2.1, 5.1, 6.1).

Sie besitzen eine hierarchische Gliederung und Kontrollinstanzen zur Steuerung und Gewährleistung der Kooperation gemäß den gesetzten Zielen und Zwecken (s. 2.2.5,
4.1.2, 4.2.3, 5.1.2, 6.4).

In ihnen sind Menschen unterschiedlicher Herkunft und
Ausbildung, unterschiedlicher Fähigkeiten, Fertigkeiten und Wissensbestände, verschiedenem Status und
nur partiell übereinstimmender Interessen zusammengeschlossen (s. 2.2.6, 2.3, 4.2.4, 5.1.1, 6.1).

Sie sind auf eine gewisse Dauer hin angelegt und deswegen ständig gezwungen, sich einerseits an die wandelnde
Umwelt anzupassen und dabei zugleich für eine ausreichen-
de Motivation der Mitglieder zu sorgen (s. 2.3, 2.4,
4.1.1, 5.1.1, 5.2)

Sie umfassen nicht allein isolierte, nur durch ihre Organisationsrollen miteinander verknüpfte Individuen, sondern auch organisierte Gruppen von Individuen der verschiedensten Art (s. 4.1.5, 4.2, 6.1, 6.2).

Sie sind in ihren jeweiligen Strukturen von den in der
Gesellschaft herrschenden Wertvorstellungen, den die Organisationspolitik bestimmenden Werthaltungen der Eliten
sowie den diesen entsprechenden oder widerstreitenden
Wertorientierungen der verschiedenen Interessengruppen
und ihrer Repräsentanten oder Agenten innerhalb wie außerhalb der Organisation bestimmt (s. 2.2.2, 4.2.2, 5.2, 6.3).

Außer von den besonderen Zielsetzungen und Zweckbestimmun-
gen werden sie in ihrer jeweiligen Struktur auch von der
Technologie mitbestimmt (s. 3.6.2, 4.2.1, 5.2).

Ob und inwieweit diese Eigenarten bei der empirischen Analyse
von Organisationen in den theoretischen Ansatz und das daraus
abgeleitete theoretische Modell eingehen, welches die jeweilige Untersuchung steuert, hängt unter anderem auch davon ab,
welche Ziele ein Forscher verfolgt, welchen Fragestellungen
er nachgeht und welche Einheiten der Analyse er ins Zentrum
seiner Untersuchung rückt (s. 3.2).

3.4. Zur Entwicklung der Organisationssoziologie

Soziologen haben sich schon sehr früh mit dem Phänomen Organisation befaßt, allerdings zunächst ohne den Begriff Organisation als besondere Kategorie einzuführen und keineswegs mit der Absicht, eine spezielle Organisationssoziologie zu begründen. Ursache war die Bedeutung jener Phänomene, die wir heute Organisationen nennen, für den Wandel der Sozialstruktur und für den Verlauf des gesellschaftlichen Evolutionsprozesses sowie für Stabilität und Wandel von Gesellschaftssystemen. Anfangs standen nicht die Beschreibung und die Analyse von Organisationen im Sinne von zielorientierten und formalisierten sozialen Systemen mit deren Strukturen und Funktionen im Vordergrund des Interesses. Soziologen wie Karl MARX, Max WEBER, Emile DURKHEIM, Herbert SPENCER oder Ferdinand TÖNNIES interessierten sich vornehmlich für die wachsende Organisiertheit und die rationale Formung gesellschaftlicher Ordnungen. Ihr Interesse galt dem hier Organisation genannten Phänomen als folgenreiches Ergebnis fortschreitender gesellschaftlicher Differenzierung im Verlauf des universalhistorischen Evolutionsprozesses und der damit verbundenen Ausbreitung des abendländischen Rationalismus. Die Ausbreitung der Organisationen war für sie Ausdruck und Indikator sozialen Wandels und gesellschaftlicher Evolution.

Später wurden jene Organisationstypen und -formen zum Gegenstand soziologischer Analyse, die für die Entwicklung der Gesellschaft und für ihre Strukturen als besonders charakteristisch oder wichtig erachtet wurden. Auf diese Weise wurden, zumal in Europa und insbesondere in Deutschland, Staatsverwaltungen, Kirchen, Militärverbände, Wirtschaftsunternehmen und Industriebetriebe, Gewerkschaften und politische Parteien Gegenstände soziologischer Analyse und Reflexion und zum Teil zum Bezugspunkt der Entwicklung 'spezieller' und 'angewandter' Soziologien: Hierfür sind die Betriebssoziologie und die

<u>Industriesoziologie</u> sowie die <u>Militärsoziologie</u> und die <u>So-</u>
<u>ziologie der Parteien</u> Beispiele. Das wissenschaftliche Inter-
esse wandte sich schließlich, vor allem im anglo-amerikani-
schen Raum, auch Schulen, Universitäten, Erziehungsheimen,
Strafanstalten, Krankenhäusern, Sozialverwaltungen und freien
Vereinigungen zu, ohne daß sich sogleich eine eigenständige
Organisationssoziologie als neue spezielle Soziologie heraus-
bildete.

Die <u>Organisationssoziologie</u> im eigentlichen Sinne des Wortes
entstand erst nach dem Ende des letzten Weltkrieges. Sie ent-
wickelte sich, als unter dem Einfluß von Strukturfunktiona-
lismus, Kybernetik und Systemtheorie eine Konzeption zum vorherrschenden Paradigma wurde, die das Phänomen Organisation
aus der Perspektive der Organisation selbst anging, damit
die Frage aufwarf nach allen Organisationen gemeinsamen funk-
tionellen Problemen und strukturellen Bedingtheiten und sich
die Aufgabe stellte, die universellen Determinanten sozialen
Handelns in und für Organisationen aufzuspüren. Ihre Entwicklung wurde entscheidend gefördert durch eine unüberseh-
bare Anzahl empirischer Untersuchungen, die - zumal in den
Vereinigten Staaten - zwecks Überprüfung und Modifikation
des als deskriptives oder präskriptives Organisationsmodell
mißverstandenen WEBER'schen Idealtypus 'bürokratischer Organisation' durchgeführt wurden. Mit der Herausbildung einer
eigenständigen Organisationssoziologie ging durch die Übernahme der Organisationsperspektive in Verbindung mit dem gewählten systemtheoretischen Ansatz der Gesellschaftsbezug
zunehmend verloren. Die Organisationssoziologie wurde zu
einer 'Soziologie ohne Gesellschaft', wie Sabine KUDERA (1977)
konstatierte. Auch verlor sie den Menschen als sozialen Akteur in, von und für Organisationen sowie in Bezug auf Organisationen aus dem Blick, indem sie das Verhältnis Indivi-
duum/Organisation wie das Verhältnis Organisation/Umwelt
primär unter den Bezugspunkten 'Selbsterhaltung', "Selbst-

steuerung' und 'Zielverwirklichung' von Organisationen als
sozialen Systemen thematisierte.

Wie ich in meinen Bemerkungen zur Textsammlung 'Organisation
und Herrschaft' feststellte (BÜSCHGES, 1976, S. 16), geht in-
zwischen

"der Trend bereits über die Organisationssoziologie hinaus in
Richtung auf die Entwicklung einer allgemeinen, alle Arten
von Organisationen umfassenden, die Ansätze, Perspektiven und
Beiträge der verschiedenen organisations-wissenschaftlichen
Disziplinen integrierenden, auf die Ermittlung universeller
Determinanten zielenden Organisationstheorie."

Wegen der mit einer solchen Entwicklung zwangsläufig verknüpften Abkehr von praktischen Problemen, die für bestimmte Typen
von Organisationen in bestimmten Gesellschaften bedeutsam
sind, zielt eine

"andere Richtung auf die Entwicklung praxisbezogener sozial-
wissenschaftlicher Theorien für spezielle Organisationstypen,
deren Analyse und aktive Veränderung."

Eine dritte Richtung schließlich bemüht sich um

"eine Wiederaufnahme der früheren, den Zusammenhang von Organisationen, gesellschaftlichen Teilsystemen und der Gesamtgesellschaft betonenden theoretischen Perspektive."

Abschließend bleibt festzuhalten, daß die Organisationssoziologie sich zwar durch ihren Gegenstand und einige ihrer Fragestellungen, nicht aber grundsätzlich in Theorie, Methodo-
logie und Methode von der allgemeinen Soziologie unterscheidet. Soweit sich Organisationssoziologie als empirische Wissenschaft versteht, ist sie abhängig vom jeweiligen Entwick-
lungsstand soziologischer Theoriebildung und sozialwissen-
schaftlicher Methoden. Ihrer Indienstnahme für manipulative
Zwecke wie der Gefahr einer 'Verdinglichung' oder 'Verabsolu-
tierung' der von ihr analysierten Dimensionen unserer geschichtlich-gesellschaftlichen Wirklichkeit kann sie sich am
besten entziehen, indem sie sich als Soziologie und nicht als

Hilfswissenschaft anderer Disziplinen, etwa der Betriebswirtschaftslehre oder der Verwaltungswissenschaft, versteht
und indem sie sich nicht allein auf die Sammlung, Sichtung
und Zusammenfassung der ihren Gegenstandsbereich betreffen-
den empirischen Daten und Aussagen beschränkt, sondern sich
an theoretischen Reflexionen in der Soziologie beteiligt und
indem sie grundsätzlich daran festhält, Organisationen als
historisch gewachsene Gebilde, als strukturierte Aggregate
interagierender Personen sowie als Teil eines konkreten
Wirtschafts- und Gesellschaftssystems zu begreifen. Auf diese Weise hebt sie sich zwar von jenen Wissenschaften ab, mit
denen sie ihren Gegenstand teilt (z.B. Verwaltungswissenschaft, Arbeitswissenschaft, Betriebswirtschaftslehre, Sozial-
psychologie, Ingenieurwissenschaften, Rechtswissenschaft),
doch gewinnt sie damit zugleich Raum für interdisziplinäre
Ansätze und multidisziplinäre Kooperation. [4+)]

3.5.   Handeln 'in' und 'von' Organisationen als
        Forschungsproblem

3.5.1. Perspektiven des Handelns in Organisationen

Bei Organisationen haben wir es mit einer besonderen Klasse
sozialer Gebilde zu tun. Von anderen, ebenfalls räumlich und
zeitlich lokalisierbaren sozialen Gebilden, wie z.B. Familien,
Freundeskreisen, Nachbarschaften, unterscheiden sich Organisationen vor allem dadurch, daß es sich bei ihnen um eine Zuordnung von Personen und Sachen handelt, deren Sinn und zugleich Rechtfertigung in dem kontinuierlichen Zusammenwirken
zu einem bestimmten, den Zusammenschluß begründenden Zweck
liegen:
So wirken z.B. die Beamten, Angestellten und Arbeiter der
Bundesanstalt für Arbeit und des Arbeitsamtes zusammen zum
Zwecke der Berufsberatung, der Arbeitsvermittlung, der

Förderung der beruflichen Bildung, der Gewährung berufsför-
dernder Leistungen, der Gewährung von Leistungen zur Erhaltung und Schaffung von Arbeitsplätzen, der Zahlung von Arbeitslosengeld, Konkursausfallgeld und Kindergeld.
Die Beamten, Angestellten und Arbeiter der Berufsschule wirken insbesondere zusammen, um den Berufsschülern 'allgemeine
und fachliche Lerninhalte unter besonderer Berücksichtigung
der Anforderungen der Berufsausbildung zu vermitteln'.
Im Autohaus zielt das Zusammenwirken der Arbeiter, Angestellten und Auszubildenden ab auf wirtschaftlichen Erfolg durch
Verkauf möglichst vieler Kraftfahrzeuge, Ersatzteile und Re-
paraturen.

Die hierin zum Ausdruck kommende Besonderheit von Organisationen, nämlich die vorherrschende Zweckorientierung als Grund
des Zusammenschlusses von Personen, ist verknüpft mit einer
weiteren Besonderheit, die Organisationen auszeichnet: Der
arbeitsteiligen Differenzierung von 'Positionen', die die
einzelnen Angehörigen der Organisation innehaben, und von
'Rollen', Aufgabenbündeln, die den jeweiligen Positionen zugeordnet sind und die den einzelnen Angehörigen der Organisation übertragen wurden oder zukommen:

So obliegen zum Beispiel im Arbeitsamt den Beamten und Angestellten der Abteilung Berufsberatung die Aufgaben der Berufsorientierung, der beruflichen Beratung, der Ausbildungsvermittlung und der Ausbildungsförderung. Die Aufgaben der
Arbeitsvermittlung und der Arbeitsberatung sind hingegen den
Beamten und Angestellten der Abteilung Arbeitsvermittlung und
Arbeitsberatung übertragen, während für die Zahlungen von Arbeitslosengeld, Arbeitslosenhilfe, Konkursausfallgeld und
Kindergeld die Beamten und Angestellten der Leistungsabtei-
lung zuständig sind. Die verschiedenen Aufgaben in den genannten Abteilungen sind noch weiter aufgeteilt und jeweils
verschiedenen Beamten und Angestellten zur Erledigung über-

tragen worden. Für die Wahrnehmung der verschiedenen, zur Sicherung und Erleichterung des Zusammenwirkens erforderlichen
oder für notwendig gehaltenen Verwaltungsaufgaben ist wiederum eine besondere Abteilung mit eigener Aufgabendifferenzie-
rung eingerichtet worden.

Vorherrschende Zweckorientierung und arbeitsteilige Differenzierung sind bei Organisationen verknüpft mit einer dritten
Besonderheit: Der hierarchischen Gliederung der Positionen
und damit auch der Personen.

So wird z.B. im Arbeitsamt die Tätigkeit der Berufsorientierung und der beruflichen Einzelberatung koordiniert und kontrolliert durch einen Abschnittsleiter, ebenso die Tätigkeit
der Ausbildungsvermittlung, der Ausbildungsförderung und des
fachtechnischen Dienstes. Die beiden Abschnittsleiter wiederum sind einem Abteilungsleiter 'Berufsberatung' zugeordnet,
der seinerseits zusammen mit den übrigen Abteilungsleitern
dem Direktor des Arbeitsamtes untersteht und von diesem kontrolliert wird. Ähnliche hierarchische Strukturen zeigt das
Autohaus. So werden die Arbeitsgruppen der Werkstatt von
einem Meister koordiniert und kontrolliert. Der Meister seinerseits ist zusammen mit der Reparaturannahme der Kunden-
dienstleitung zugeordnet. Die verschiedenen Abteilungsleiter
sind ihrerseits dem Geschäftsführer unterstellt, der für die
Kontrolle und die Koordination des gesamten Autohauses verantwortlich ist. Aber auch der Geschäftsführer ist eingebunden
in ein hierarchisches System, wie die Übersicht über die Mit-
bestimmungsorgane deutlich werden läßt. Er wird z.B. kontrolliert vom Wirtschaftsausschuß sowie von der Gesellschaftsversammlung des Autohauses.

Im Interesse der Kontinuität des Zusammenwirkens der verschiedenen, in einer Organisation zusammengeschlossenen Personen
sowie zur Gewährleistung der Zweckerfüllung der Organisation

für eine gewisse Dauer werden durchweg

> die Zwecke des Zusammenwirkens in Organisations-
> programmen und

> die für das Zusammenwirken geltenden Regeln in
> Organisationsvorschriften oder -regeln

festgehalten und formalisiert. Darüber hinaus werden zumeist
auch noch

> die arbeitsteilig differenzierten Positionen,
> deren Funktion und Zuordnung in Organisations-
> und Stellenplänen oder Organigrammen fixiert.

Letzteres bringen die auf S.201ff. abgedruckten Organisations-
pläne und Organigramme deutlich zum Ausdruck.

Die für die empirische Analyse von Organisationen als sozialen Gebilden wichtigen Besonderheiten werden offenbar und somit erfaßbar in

> den 'Organisationsprogrammen': den zu erledigenden
> Aufgaben gemäß dem spezifischen Zweck einer Organisation;

> den 'Organisationsvorschriften': den Regeln, nach denen
> bei der Erledigung der Aufgaben zu verfahren ist;

> der 'Personalstruktur": der Übertragung von Aufgaben an
> bestimmte Personen in Verbindung mit der Zuweisung ent-
> sprechender Positionen; sowie in

> der 'Organisationsleistung': dem spezifischen Ergebnis,
> daß das Zusammenwirken der in der Organisation zusammen-
> geschlossenen Personen für sie selbst wie für die je-
> weiligen Zielgruppen (Kunden, Klienten, Publikum) und
> die sonstige Umwelt hervorbringt (vielfach auch 'output'
> der Organisation genannt).

Wegen der Möglichkeit der Zurechnung der 'Organisationsleistungen' zu Organisationen sowie wegen der im 'Alltagsdenken',
im juristischen Sprachgebrauch sowie in der Sprache auch anderer Wissenschaften üblichen Vorstellungsweise, die Organisationen wie handlungsfähige Subjekte betrachtet, entzieht
es sich oft unserem Bewußtsein, daß eine jede 'Organisationsleistung' wie eine jede Handlung, die einer Organisation zugerechnet wird, das komplexe Resultat einer Vielzahl aufein-

ander bezogener und wechselseitig miteinander verknüpfter,
von je eigener und zugleich begrenzter Rationalität geleiteter elementarer Handlungen jener Personen ist, die der Organisation angehören und in ihrem Handeln miteinander verkettet
sind. Jede Organisationsleistung und jede sonstige, einer Organisation zugerechnete Handlung ist komplexes Resultat eines
Prozesses verketteter elementarer Handlungen und Entscheidungen. Es sind immer Menschen, die handeln und interagieren,
und niemals Organisationen als Ganzheiten. Allerdings können
diese Menschen sich im Handeln als Agenten oder Repräsentanten der Organisation definieren und daran in ihrem Handeln
orientieren. Es könnte deswegen leicht zu Fehlschlüssen führen,
führte man das Handeln der Personen allein auf ihre privaten
Interessen zurück. Die Intention der jeweils handelnden Individuen allein reicht nicht aus, das erwünschte Handlungsresultat herbeizuführen. Dies liegt daran, daß wir es in Organisationen in aller Regel mit wechselseitig verknüpften Handlungen und längeren Handlungsketten und nicht mit Handlungen
von isolierten Individuen zu tun haben.

Aus dem von mir gewählten Blickwinkel stellen Organisationen
sich dar als ein strategisches Interaktionsfeld intentional
handelnder, in ihrem Handeln auf andere verwiesener und ange-
wiesener Individuen. Diese Individuen entsprechen in ihren
zahlreichen, sich wechselseitig bedingenden und beeinflussen-
den oder miteinander verketteten Wahl-, Entscheidungs- und
Handlungssituationen nicht nur den jeweiligen Rollenvorschriften und deren eigenen und fremden Interpretationen. Sie tragen dabei fast immer auch ihren eigenen, z.T. höchst privaten
Interessen und Neigungen Rechnung; ein Sachverhalt, den
Chester I. BARNARD (1976, S. 146) durch seine Unterscheidung
von 'organisatorischem Zweck' und 'individuellem Motiv' zu
fassen versucht hat. Bei der sozialwissenschaftlichen Analyse
von Organisationen ist es daher unerläßlich, folgenden Sachverhalt zu beachten und ihn bei der Interpretation der gefun-

denen Daten zu berücksichtigen.

Eine jede Handlung und ein jedes Handlungsresultat ist ein
komplexes Produkt aus institutionellen, situationsbezogenen
und persönlichkeitsspezifischen Faktoren, insbesondere auch
des jeweiligen Informationsstandes, der jeweils verfügbaren
oder ins Spiel gebrachten Ressourcen, der vorausgehenden
Handlungssequenzen und der von den Handlungsbeteiligten angestrebten Folgezustände.

Dieser Sachverhalt ist nicht dazu angetan, die empirische
Analyse von Organisationen und deren Leistungen oder des Ver-
haltens und Handelns der Organisationsangehörigen und ihres
Publikums zu erleichtern.

Für die soziologische Analyse von Organisationen sind es folgende drei Perspektiven, die sich anbieten, wenn man Organisationen als eine besondere Klasse sozialer Gebilde begreift
und einen dem methodologischen Individualismus nahekommenden
Standpunkt einnimmt:

> Der Blick auf die Verknüpfung der einzelnen, einer
> Organisation angehörenden Personen mit dieser Organi-
> sation und die Suche nach den spezifischen Mechanismen,
> welche die Verknüpfung ermöglichen und auf Dauer stellen.
> Das Leitthema ist in diesem Falle:
> 'Individuum und Organisation';
> die zentralen, erkenntnisleitenden Kategorien sind:
> Position, Rolle, Motivation (s. 5.1, 6.2, 6.3, 6.4).

> Der Blick auf die Verwirklichung dauerhafter Koordination
> und auf die beständige Sicherung von Organisations-
> leistungen und die Suche nach den strukturellen Gegeben-
> heiten, die beides zu gewährleisten vermögen.
> Das Leitthema ist in diesem Falle:
> 'Organisationsstrukturen';
> die zentralen, erkenntnisleitenden Kategorien sind:
> Differenzierung, Kooperation und Koordination, Autorität
> und Herrschaft, Integration und Konflikt (s. 4.2, 5.1, 6.4).

> Der Blick auf die Organisation als Ganzes, als soziales
> Gebilde mit eigenem Entscheidungszentrum, und die

Suche nach den die 'kollektive Identität' von
Organisationen tragenden Faktoren.
Das Leitthema ist in diesem Falle:
'Organisation und Umwelt';
die zentralen, erkenntnisleitenden Kategorien
sind: Zielsetzung, Umweltbeziehungen und Organi-
sationswandel (s. 4.1, 5.2, 6.4).

Da Organisationen, wie alle sozialen Kollektive, keine eigene Sichtweise entwickeln können, kann es bei den zuvor genannten drei soziologischen Perspektiven leider nicht sein
Bewenden haben. Was in den Blick gerät und was in einer empirischen Untersuchung jeweils zum Thema gemacht wird, hängt
deswegen zusätzlich noch davon ab, aus wessen Position heraus
der jeweilige Blick auf

die Verknüpfung der einzelnen Personen mit der
Organisation,

die dauerhafte Kooperation und die Sicherung der
Organisationsleistungen,

die Organisation als Ganzes

geworfen wird. Es macht nämlich einen Unterschied, ob dies
die Position ist

der jeweiligen Leitungsinstanz (des Präsidenten der
Bundesanstalt für Arbeit, des Direktors des Arbeitsamtes, des Geschäftsführers des Autohauses, des Direktors der Berufsschule,des Vorstandssprechers des Eisen-
und Stahlunternehmens),

derjenigen, die die eigentlichen Organisationsleistungen erbringen (der Berufsberater, Ausbildungsvermitt-
ler, Arbeitsberater, Arbeitsvermittler, Arbeitslosen-
geldsachbearbeiter des Arbeitsamtes; der Studienräte
und Fachlehrer der Berufsschule, der Verkäufer, der
Verkaufssachbearbeiter, Verwaltungsangestellten, KFZ-
Mechaniker, KfZ-Schlosser, Elektriker, Klempner,
Lackierer, Lagerarbeiter, Auszubildende des Autohauses),

derjenigen, die als Vorgesetzte der verschiedenen
Ebenen für Koordination und Kontrolle zuständig sind
(der Gruppenleiter, Abschnittsleiter, Abteilungsleiter
des Arbeitsamtes, der Fachvorsteher der Berufsschule,
der Meister und Abteilungsleiter des Autohauses),

der mit 'Mitbestimmungsfunktion' ausgestatteten
Repräsentanten der Angehörigen der Organisation
(Personalrat des Arbeitsamtes, Personalrat, Lehrer-
rat, Schülermitverwaltung der Berufsschule, Betriebsrat und Wirtschaftsausschuß des Autohauses) oder gar

jener Personen und Personengruppen, die nicht der
Organisation angehören, aber Empfänger oder Adressaten der Organisationsleistungen sind (der Schüler,
Arbeitssuchenden, Arbeitslosen, Kindergeldempfänger
und Arbeitsgeber beim Arbeitsamt, der Schüler und
Ausbildungsbetriebe bei der Berufsschule, der Kunden des Autohauses),

oder gar jener, die weder der Organisation angehören,
noch Empfänger oder Adressaten der Organisationsleistungen sind, aber von den Aktivitäten der Organisation mittelbar oder unmittelbar betroffen werden. 5+)

Entschließt sich ein Wissenschaftler, seine eigene Position
zum Ausgangspunkt zu nehmen, so enthebt ihn auch dies nicht
der Mühe, sich darüber Klarheit zu verschaffen, wie diese Position beschaffen ist und was von ihr aus in den Blick gerät
und was ausgespart bleibt. Eine solche Schwierigkeit empfindet
nur jener Wissenschaftler nicht, der so naiv ist, die Position
der Leitungsinstanz einer Organisation für die einzig angemessene zu halten, und zwar deswegen, weil nur sie die Gewähr
biete, ein von den 'Interessen der Organisation' bestimmtes
und damit 'objektives' Bild zu gewinnen, während alle anderen
möglichen Positionen zu stark 'organisationsfremde' und z.T.
höchst 'private' Interessen und Wertungen ins Spiel brächten.

3.5.2 Ebenen und Elemente empirischer Organisations-
analyse

Empirische Organisationsanalysen, die auf die Untersuchung konkreter Organisationen, z.B. des Arbeitsamtes, der Berufsschule oder des Autohauses abzielen, erfordern eine möglichst exakte Festlegung und empirisch anwendbare Bestimmung der jeweils
zu erfassenden, zu beschreibenden und zu analysierenden Organi-

sation - eine nähere Bestimmung der jeweils zu wählenden Analyseebenen sowie eine genaue Bestimmung jener Einheiten, die
als letzte und elementare in die Untersuchung einzubeziehen
sind.

Dieses ist leichter gesagt als getan. Fasse ich meine bisherigen Erfahrungen bei der empirischen Untersuchung von Organisationen zusammen und nehme ich die von anderen Wissenschaftlern gemachten und mitgeteilten Erfahrungen dieser Art hinzu,
so haben wir bei der Planung, Vorbereitung, Durchführung, Auswertung und Interpretation von Organisationsuntersuchungen
insbesondere mit folgenden Schwierigkeiten zu rechnen:

<u>Schwierigkeiten</u> macht zum einen eine <u>exakte und empirisch
faßbare räumliche</u>, <u>zeitliche und sachliche Abgrenzung</u> des jeweils zu beschreibenden und zu analysierenden <u>Kollektivs</u>, die
der Zielsetzung und Fragestellung der Untersuchung angemessen
ist. Dies gilt zumal dann, wenn Gegenstand der Untersuchung
nicht Bestandsmassen und deren Merkmale (z.B. die Organisa-
tionszugehörigkeit und die Ausbildung der Angestellten, Arbeiter und Beamten des Arbeitsamtes), sondern Ereignisse (z.B.
einzelne Handlungen, etwa die Beratungsaktivitäten der Berufsberater, die Verkaufsabschlüsse der Autoverkäufer, die Reak-
tion der Berufsschullehrer auf mangelnde Schulleistungen) oder
Relationen sind (z.B. die Kommunikationsbeziehungen zwischen
verschiedenen Berufsberatern, die an berufsorientierenden Veranstaltungen beteiligt sind, die Einflußbeziehungen bei Perso-
naleinstellungen zwischen Angehörigen des Führungskreises, der
Personalabteilung und des Betriebsrates des Autohauses). Besonders groß sind die Schwierigkeiten, wenn diese Ereignisse und
Relationen Produkt eines von zahlreichen Faktoren abhängigen
Prozesses mit zeitlicher und räumlicher Erstreckung sind (z.B.
die Entscheidungen am Ende einer Einzelberatung eines ratsuchenden Schülers, die Präsentation des berufsorientierenden
Materials in einer Gruppenberatung).

Schwierigkeiten bereitet zum anderen der Umstand, daß Organisationen und Abteilungen, Abschnitte, Gruppen oder andere Untergliederungen nicht ohne ungeklärten Rest auf einzelne Individuen und deren Handeln zurückgeführt werden können,empirische Untersuchungen sich aber nur auf der Grundlage von Daten durchführen lassen, die von handelnden Individuen produziert wurden oder werden. Der Umstand, daß die Organisationen und ihre Untergliederungen in den Köpfen der Individuen symbolisch als Ganzheiten repräsentiert sind, macht die Situation nicht einfacher, zumal, wenn man bedenkt, daß diese Repräsentation bei verschiedenen Individuen recht verschieden sein kann.

Schwierigkeiten ergeben sich ferner daraus, daß Organisationen in ihrem Bestand nicht von der Existenz aller Personen abhängen, die sie konstituieren, sondern diese Personen partiell austauschbar sind, allerdings in je verschiedenem Grade. In aller Regel ist aber mangels eines entsprechenden Kriteriums oder Indikators im Vorhinein nicht hinreichend treffsicher bestimmbar, welcher Beitrag zu Kooperation und zur Organisationsleistung, den die einzelnen Personen erbringen, von diesen als Individuen unabhängig ist und von jeder anderen Person mit entsprechenden Qualifikationen auch hätte erbracht werden können. Meist ist dies nur im nachhinein, wenn der entsprechende Beitrag ausbleibt, konstatierbar (z.B. läßt sich oft erst nach Ausscheiden eines Autoverkäufers aus dem Autohaus entscheiden, ob und inwieweit seine Leistungsbeiträge auch von anderen erbracht werden können). Lediglich für jenen Teil des Leistungsbeitrages, der exakt vorgeschrieben ist (z.B. die Arbeitsaufgabe eines Fließbandarbeiters), läßt sich dies hinreichend sicher vorweg ermitteln.

Schwierigkeiten ruft auch die empirische Basis unserer Daten hervor. Die empirische Basis unserer Daten bilden

(a) beobachtbare, der Manipulation von Personen, Sachen
    und Symbolen dienende Handlungen jener Personen, die
    der Organisation angehören, oder solcher Personen,
    die zu ihr in Beziehung stehen (z.B. Vermittlungs-
    bemühungen des Arbeitsvermittlers, Reparaturarbeiten
    des KFZ-Schlossers, Korrektur von Klassenarbeiten
    durch den Berufsschullehrer):
    erfaßt durch Beobachtung;

(b) Manifeste, in Dokumenten oder anderen Artefakten fest-
    gehaltene und überlieferte Resultate solchen Handelns
    (z.B. Vermittlungsberichte der Arbeitsvermittler, Pro-
    tokolle von Betriebsratssitzungen, Zeugnisse von Be-
    rufsschulen):
    erfaßt durch Inhaltsanalyse;

(c) Aussagen eigens ausgewählter Informanten (Organisations-
    angehörige, Kunden, Klienten, Publikum, Agenten oder
    Repräsentanten anderer Organisationen) über solches
    Handeln oder seine Resultate (z.B. Befragung des Ge-
    schäftsführers über die Mitarbeiterbeteiligung des
    Autohauses und ihre Wirkung auf die beiden Organisa-
    tionsziele; Interview mit Berufsschülern über die Ver-
    bindung schulischer und betrieblicher Ausbildung mit
    Vertretern von Gewerkschaften und Arbeitgeberverbänden
    über die Wirksamkeit der Arbeitsvermittlung):
    erfaßt durch Befragung.

Inhalt, Reichweite, Relevanz, Gültigkeit und Zuverlässigkeit
der so gewonnenen Daten werden von zahlreichen Faktoren beeinflußt, insbesondere solchen, die

   den Inhalt des Handelns,

   das Wissen um relevante Aspekte der jeweiligen
   Organisation oder des untersuchten Ausschnittes,

   die Wahrnehmung und Beurteilung der Organisationswirklichkeit und schließlich

   die organisationsrelevanten Handlungsorientierungen
   bestimmen (z.B. Position und Rolle in der Organisation,
   Identifikation mit der Organisation oder der untersuchten Gruppe, Einschätzung der Organisationsleistungen, Arbeits- und Berufsschicksal, organisatorische Alternativen).

Die zuvor genannten Schwierigkeiten sind in ihrem jeweiligen
Ausmaß und in den bestehenden Chancen, sie zu bewältigen,
nicht unabhängig

vom <u>Typus</u> der zu untersuchenden <u>Organisation</u>

von den <u>Positionen</u>, die in die Untersuchung einbezogen werden oder werden sollen oder die von
den Ergebnissen der Untersuchung berührt werden
oder fürchten, berührt zu werden, sowie

von der spezifischen <u>Zielsetzung</u> und den <u>Frage-
stellungen</u> der <u>Untersuchung</u>,

um noch einige wichtige Einflußgrößen zu nennen. Auch die konkrete <u>historische Situation</u> spielt eine Rolle. Ebenso ist von
Belang, ob sich die Organisation zur Zeit der Untersuchung in
einer krisenhaften, ihre Existenz gefährdenden Lage befindet
oder nicht.

Wie die Diskussion der Mehrdeutigkeit und der Unbestimmtheit
des Organisationsbegriffs bereits deutlich werden ließ, ist
die Abgrenzung und genaue Definition von Organisationen abhängig von dem jeweils gewählten Ansatz, der Perspektive und
der Fragestellung. Dies liegt daran, daß sich die für die Abgrenzung und Definition infrage kommenden partiellen Definitionen hieran ausrichten. Setzt man als notwendige Bedingung
für die Zurechnung eines sozialen Gebildes zur Klasse der Organisationen, daß es sich hierbei um einen Zusammenschluß handeln muß, der nicht 'im Rechtssinne' Teil einer größeren anderen Einheit ist und von dieser unmittelbar beeinflußt wird,
so ist in diesem Sinne das Arbeitsamt keine 'Organisation',
sondern Teilgliederung der 'Bundesanstalt für Arbeit', der in
diesem Falle die Eigenschaft 'Organisation' zukommt.

Fraglich ist dann auch, ob die Berufsschule als 'Organisation'
angesehen werden kann oder ob sie nicht ebenfalls Teil einer
anderen Organisation ist, z.B. des Kultusministeriums. Aber
auch diese Frage ist wegen der wechselseitigen Beziehungen
zwischen Berufsschule, Kommune und Schulkollegium nicht ohne
weiteres eindeutig entscheidbar.

Lediglich bei dem Autohaus scheint die Sache auf den ersten
Blick klarer zu sein, da seine 'rechtliche Selbständigkeit'
außer Frage steht. Probleme ergeben sich aber auch hier, wenn
man nach der tatsächlichen Selbständigkeit fragt und die Abhängigkeit des Autohauses von jenem Automobilunternehmen untersucht, dessen Autos das Verkaufsprogramm des Autohauses
ausmachen. Wie Sie sehen, tauchen selbst bei jenen Beispielen,
die sich bisher zur Illustration gut eigneten, Abgrenzungs-
und Definitionsprobleme auf, wenn es um die exakte Bestimmung
jener sozialen Gebilde geht, die als 'Organisation' Gegenstand einer Untersuchung sein sollen.

Die hiermit angedeutete Problematik wird uns im weiteren Verlauf des Kurses immer wieder beschäftigen. Eine endgültige
Antwort läßt sich hier nicht geben, weil sie die Entwicklung
eines hinreichend ausgearbeiteten theoretischen Ansatzes vor-
aussetzt. Das kann hier nicht geleistet werden, ist hier aber
auch nicht zu leisten. Es liegt daran, daß Organisationen
eher 'Wolken' gleichen als 'Uhren' [6] und daß sie sich in
ihren Konturen wie in ihren Strukturen einer scharfen und eindeutigen Abgrenzung entziehen. Organisationen sind zwar wie
Uhren menschliche Kreationen, sie sind jedoch andererseits
zugleich Organismen ähnlich, die sich entwickeln und die in
ihren Konturen wie in ihren Strukturen permanenten Wandlungen
unterliegen. Dieser Schwierigkeit ist empirisch nicht dadurch
zu begegnen, daß maß 'Organisationen' mit LUHMANN (1976,
S. 195ff.) als 'soziale Systeme' betrachtet und 'System durch
relative Invarianz seiner Grenzen gegenüber einer Umwelt' definiert. Elegant und einleuchtend ist eine solche Formulierung
nur so lange, wie man sich der Mühe der Empirie entzieht und
nicht genötigt ist, empirisch faßbar und in der sozialen Wirklichkeit feststellbar zu bestimmen, was die Grenze einer konkreten Organisation ausmacht.

Mit den im ersten Abschnitt dieses Abschnittes herausgestellten drei soziologischen Perspektiven,

> der Frage nach den Mechanismen der Verknüpfung von
> Individuum und Organisation,

> der Frage nach den strukturellen Bedingungen dauer-
> hafter Kooperation und beständiger Sicherung der
> Organisationsleistungen,

> der Frage nach der Organisation als Ganzes und ihrer
> 'kollektiven Identität',

sind die Ebenen wie die Elemente der Analyse nicht eindeutig
bestimmt. Für die Durchführung empirischer Forschungsprojekte,
aber wohl auch für theoretische Erörterungen, genügt deswegen
die Entscheidung für eine der drei Perspektiven keineswegs.
Hinzukommen müssen möglichst genaue und empirisch faßbare Bestimmungen der Analyseebenen. Welche Analyseebenen gewählt
werden, hängt insbesondere von der Zielsetzung und der Fragestellung der Untersuchung sowie vom forschungsleitenden theoretischen Ansatz ab.

Als <u>Analyseebenen</u> kommen infrage:

> <u>Personen</u>, wie auch <u>Gruppen</u> der verschiedensten Art
> <u>als Kollektive von interagierenden Personen</u> (z.B.
> Arbeitsgruppen, Führungskreis, Betriebsrat, Wirt-
> schaftsausschuß, Gesellschafterversammlung des Auto-
> hauses, Schülermitverwaltung, Lehrerrat, Fachkonferenz
> der Berufsschule);

> <u>Untergliederungen der Organisation</u>
> resultierend aus der arbeitsteiligen Differenzierung
> und der hierarchischen Struktur des Arbeitsamtes,
> Referate, Unterabteilungen und Abteilungen der Bundes-
> anstalt für Arbeit) oder aus der Umsetzung des Organi-
> sationszweckes in Organisationsprogramme (z.B. Verkauf,
> Finanzen, Kundendienst, Teiledienst, Zweigstellen, Per-
> sonalabteilung des Autohauses, Finanz- und Rechnungs-
> wesen, Technik, Personal, Vertrieb und die dem Vor-
> standsvorsitzenden zugeordneten Stabsbereiche als Res-
> sorts von Unternehmen der Eisen- und Stahlindustrie,
> Arbeitsvermittlung, Berufsberatung, Leistungsangelegen-
> heiten, Verwaltung und Nebenstellen des Arbeitsamtes);

> <u>Die Organisation als Ganzes</u> (z.B. Bundesanstalt, Auto-
> haus, Arbeitsamt, Berufsschule) sowie

mehr oder minder umfangreiche <u>Netzwerke von Organi-
sationen</u> (z.B. das Netz der Arbeitsämter des Landes
Nordrhein-Westfalen, das Netz der Lieferanten und der
Abnehmer des Autohauses, das Netz der Berufsschule
und ihrer Verknüpfung mit den Ausbildungsorganisationen, der Kommune, dem Schulkollegium, dem Kultus-
ministerium) oder

bestimmte <u>Segmente oder Sektoren der Organisations-
umwelt</u> oder

<u>die Organisation als Teil eines umfassenderen wirt-
schaftlichen und gesellschaftlichen Systems</u>.

In Verbindung mit einer näheren Definition und Operationalisierung der Analyseebene ist ferner noch festzulegen,
"ob analysiert werden soll das Verhältnis

der Organisationsmitglieder zur Organisation aus der
Sicht der Organisation oder der Mitglieder,

der Organisationsmitglieder untereinander aus der Sicht
der Organisation oder der Mitglieder,

der Organisationsmitglieder und ihrer Gruppierungen
untereinander sowie in ihrem Verhältnis zur Organisation aus der Sicht der Organisation oder der Mitglieder oder ihrer Gruppierungen,

der Organisation zu ihren Kunden, Klienten oder ihrem
Publikum aus der Sicht der Organisation oder der be-
treffenden Personengruppe,

der Organisation zu anderen Organisationen aus der Sicht
der Organisation, der anderen Organisationen oder des
Wirtschafts- und Gesellschaftssystems,

der Organisation zum umgebenden 'Wirtschafts- und Gesellschaftssystem' aus der Sicht der Organisation oder
des umgebenden Wirtschafts- und Gesellschaftssystems"
(BÜSCHGES/LÜTKE-BORNEFELD, 1977, S. 41).

Um möglichen Fehlschlüssen vorzubeugen, ist darüber hinaus noch
für eine Unterscheidung zwischen individuellen und kollektiven
Eigenschaften Sorge zu tragen. [7+)]

3.5.3. Individuen als elementare Einheiten der Organisationsanalyse

Gleichgültig, welche Analyseebene ein Wissenschaftler bei der empirischen Untersuchung von Organisationen wählt und wie hoch er das Abstraktionsniveau ansetzt, er kommt an der Tatsache nicht vorbei, daß die Basis seiner Untersuchung aus Daten besteht, die von Individuen allein oder in Interaktion mit anderen Individuen produziert wurden oder werden. Allerdings handeln diese Individuen nicht als isolierte, gegenseitig abgeschottete Atome oder als Monaden ohne Kontakt zur Außen- und Mitwelt, sondern im Rahmen eines Interaktionssystems und beeinflußt durch die jeweils geltenden institutionellen Regeln. Soweit die Organisationswirklichkeit mit Begriffen beschrieben wird, die Gruppen von Individuen repräsentieren, und diese metaphorisch wie Subjekte beschrieben werden, ist dies nur insoweit gültig und keine Verzerrung der sozialen Wirklichkeit, wie die in dem jeweiligen angesprochenen Aggregat zusammengeschlossenen Individuen sich in ihrem Handeln an den institutionellen Regeln orientieren, die für das Aggregat gelten, und sich den gemäß den geltenden Entscheidungsregeln getroffenen Entscheidungen auch dann unterwerfen, wenn sie selbst abweichender Meinung sind.

Der einzelne, der in eine Organisation eintritt, findet das Organisationsprogramm, die Organisationsvorschriften und die Personalstruktur in der Regel ausgearbeitet vor und ist gezwungen, sich daran in seinem Handeln zu orientieren. Darüber hinaus ist es üblich, von Organisationen in Begriffen zu reden, die ihnen den Charakter von Subjekten verleihen.

Deswegen kann sich für den Einzelnen leicht der Eindruck verfestigen, Organisationen käme eine überindividuelle Realität zu. Dieser Eindruck wird verstärkt, wenn in Übernahme des juristischen Sprachgebrauchs den Organisationen wie juristischen

Personen alle Eigenschaften natürlicher Personen zugeschrieben werden, die rechtserheblich sein können, sofern es sich nicht gerade um solche Eigenschaften handelt, die Menschen als biologischen Wesen zukommen und die nicht-natürlichen Personen abgehen.

Ich möchte hier nochmals mit Nachdruck betonen, daß es sich m.E. bei Organisationen immer um Zusammenschlüsse von Personen handelt und nicht um selbständige, die Menschen übersteigende reale Wesenheiten mit Subjektcharakter, die als solche Ziele haben, die handeln können, von denen Zwänge ausgehen und die Notwendigkeiten setzen. Soweit ich in den bisherigen Ausführungen Begriffe benutzte und mich einer Sprache bediente, die Organisationen wie Subjekte behandelten, geschah dies zum einen in Anlehnung an den üblichen Sprachgebrauch, zum anderen unter der impliziten Voraussetzung, daß dieser Sprachgebrauch insoweit bei Organisationen berechtigt ist, als sie über ein Entscheidungszentrum und Leitungsinstanzen verfügen, welche das Handeln der Personen binden. Aber auch diese Entscheidungsinstanzen werden getragen oder repräsentiert von Personen und wirken durch das Handeln und Entscheiden von Personen.

3.6. Dimensionen zur Beschreibung und Analyse von Organisationen

3.6.1. Grundlagen und Funktionen einer Organisationstypologie

Typologien dienen der systematischen Ordnung von Objekten (Personen, Organismen, Sachen, Symbolen, Relationen) anhand ihrer Merkmale durch Zusammenfassung jener Objekte zu Typen, die einander hinsichtlich bestimmter Merkmale ähnlicher sind als andere. Auf diese Weise gebildete Typen können einander

ausschließen, sich überlappen oder sich gegenseitig um-
schließen. Typologien dienen bestimmten Zwecken, derentwegen
werden sie konstruiert. Aus den Zwecken sowie aus den für
eine systematische Ordnung geeigneten Eigenschaften der Objekte ergeben sich (vgl. SODEUR, 1974)

> die für die Definition der Merkmale und des Merkmal-
> raumes (= der Kombination der Merkmale) und damit für
> die Ordnung der Objekte in Frage kommenden Merkmale,
>
> die Dimensionen, die für die Beschreibung und die
> Feststellung von Ähnlichkeiten relevant sind,
>
> jene Formen und Verfahren, die sich zur Ordnung der
> Objekte eignen.

Hinsichtlich des logischen Status und der methodologischen
Funktionen lassen sich drei Arten von Typologien unterscheiden (HEMPEL, 1968, S. 85-103):

Klassifikatorische Typen, Extremtypen, Idealtypen. Typologien können auf klassifikatorischen oder ordnenden Begriffen
beruhen oder auf einer Mischung beider (HEMPEL/OPPENHEIM,
1936). Typologien können sowohl aufgrund empirisch gegebener,
der unmittelbaren Erfahrung zugänglicher ein- oder mehrdi-
mensionaler Ordnungen konstruiert werden als auch vermittels
wissenschaftlicher Theorien (PAWLOWSKI, 1975). Eine Konstruk-
tion von Typologien kann aber auch auf dem Wege der Bedeu-
tungsanalyse oder Explikation vorgegebener alltagssprachli-
cher oder wissenschaftlicher Begriffe erfolgen (LAZARSFELD,
1968).

<u>Zweck</u> des hier folgenden Versuchs einer <u>Organisationstypologie</u>
ist es,

> Organisationen zusammenfassen zu können, die einander
> hinsichtlich der Organisationsprogramme, der Organi-
> sationsvorschriften und der Personalstruktur ähnlich
> sind,

Organisationen nach Unterschieden in den Organisationszwecken oder -zielen voneinander abheben zu können,

Organisationen im Hinblick auf Unterschiede in den
Rollen- und Autoritätsstrukturen miteinander verglei-
chen zu können.

Angesichts des derzeitigen Erkenntnis- und Diskussionsstandes
kam für diese Zwecke nur eine klassifikatorische Typologie
in Frage. Sie beruht auf den bislang vorgetragenen Überlegungen zum Organisationsbegriff und zum Organisationsphänomen.
Als Merkmale kamen vornehmlich Dichotomien sowie geordnete
und ungeordnete Klassen in Betracht. Auch wurden möglichst
offene Klassen gewählt, weil diese die Ergänzung und Erwei-
terung des Klassifikationsschemas um vernachlässigte Dimensionen, Merkmale oder Merkmalsausprägungen erleichtern.

Typologien können die systematische Ordnung verbessern, wenn
sie auf der Grundlage theoretischer Überlegungen und verknüpft
mit hinreichend praktikablen und anwendbaren Operationalisie-
rungsvorschlägen konstruiert werden. Sie geben dann ein
brauchbares Instrument ab, welches die Bestimmung jener Dimensionen, Einheiten, Eigenschaften und deren Relationen erleichtert, auf die es bei einer empirischen Untersuchung an-
kommt. Auch können sie als Basis für vergleichende Untersuchungen dienen sowie für die Speicherung bereits gewonnener
wissenschaftlicher Erkenntnisse über einen Objektbereich
wertvolle Dienste leisten. Schließlich erlauben sie es auch,
vernachlässigte Dimensionen, Einheiten, Eigenschaften und
deren Relationen eher zu erkennen, um daraus Rückschlüsse
auf die Zuverlässigkeit oder Gültigkeit mitgeteilter For-
schungsergebnisse ziehen zu können.

<u>Typologien</u> sind aber alles in allem nur <u>heuristische Mittel</u>.
Sie können uns helfen, unser Denken über Organisationsphäno-
mene zu strukturieren und unser Wissen über Organisationen
zu systematisieren. Sie haben in der Regel nicht den Status

axiomatisierter Theorien, d.h. von miteinander verbundenen
Aussagesystemen, die auf einigen als gültig unterstellten,
nicht weiter begründeten Grundaussagen beruhen. Der Erkennt-
niswert von Typologien hängt ab von ihrer theoretischen Grundlage und deren erfahrungswissenschaftlichem Gehalt.

Gefährlich ist es deswegen, Typologien als erklärungskräftige
Theorien mißzuverstehen und klassifikatorische Systeme dazu
zu benutzen, die komplexe Organisationswirklichkeit nach ihnen
zu systematisieren. Wenn man jedes beobachtbare Phänomen mit
einem dem klassifikatorischen Schema entnommenen Etikett versehen und ihm einen entsprechenden Namen gegeben hat, ist damit allein noch kein Erkenntnisgewinn erzielt worden. Noch ge-
fährlicher ist es allerdings, wenn man Typologien nicht für
Zwecke dimensionaler Analyse benutzt, sondern ohne Oberprü-
fung der ihnen zugrundeliegenden Theorien und ihrer Brauch-
barkeit für die Erklärung von komplexen Phänomenen heranzieht.
8+)

3.6.2. Dimensionen zur Klassifikation von Organisationen

Die bisherige Erörterung des Organisationsphänomens und der
Zweck der Organisationstypologie, insbesondere die Charakterisierung von Organisationen als sozialen Gebilden besonderer
Art und die Diskussion verschiedener Perspektiven des Handelns in Organisationen, lassen es angebracht erscheinen, für
die Klassifikation von Organisationen folgende Dimensionen
zur Diskussion zu stellen:

Organisationsziele (df) [9]: Zwecke, um derentwillen eine
Organisation gegründet wird (wurde) und deren Erfüllung
die Organisation erreichen soll.

Organisationsleistungen (df): zur Erreichung der Organisationsziele hervorzubringende Leistungen (output) der
Organisation.

<u>Organisationsprogramme</u> (df): zur Erstellung der vorgesehenen Organisationsleistungen festgelegte Verfahrensweisen.

<u>Organisationsvorschriften</u> (df): von den Organisationsangehörigen zu beachtende Regeln und Vorschriften für den Umgang miteinander, für die Durchführung des Organisationsprogramms und für den Umgang mit der Organisationsumwelt.

<u>Organisationsmitglieder</u> (df): an der Erstellung der Organisationsleistungen aktiv oder passiv beteiligte Personen.

<u>Organisationstechnologie</u> (df): Gesamtheit der zur Erbringung von oder zur Erstellung der Organisationsleistungen eingesetzten technischen Mittel und angewandten technischen Verfahrensweisen.

<u>Organisationsstruktur</u> (df): Spezifisches Gefüge von arbeitsteilig differenzierten Positionen und Rollen und ihrer wechselseitigen Verknüpfung.

<u>Organisationsleitung</u> (df): Herrschaftsverfassung und deren Legitimation.

<u>Organisationsträger</u> (df): Personen, Personengruppen oder Organisationen, die Eigner (Kapitalgeber) oder Träger der Organisation sind.

Diese Dimensionen sind noch weiter zu untergliedern, wenn sie als Klassifikationsschemata für die Bildung von Organisationstypen herangezogen werden sollen. Nachfolgend werden einige mögliche Untergliederungen der einzelnen Dimensionen diskutiert, die für die hier verfolgten Ziele geeignet sind. Die Ausführungen sind nicht als gesicherter Bestand organisationssoziologischer Forschung anzusehen, sondern kritisch zu betrachten, auf die bisherigen Darlegungen zu beziehen und daraufhin abzuklopfen, ob sie hinreichend geeignet sind, den eingangs umrissenen Zwecken zu dienen.

Die Dimension <u>Organisationsziele</u> ist im Hinblick darauf weiter zu untergliedern,

welcher <u>Art</u> die <u>Ziele</u> sind, die mit der Organisation zu erreichen versucht werden, und

welche <u>Organisationsinstanzen</u> die <u>Ziele</u> vorgeben.

Da Organisationen in der Regel mehreren Zwecken dienen, bleibt noch zu klären, ob nur die jeweils dominierenden Ziele für die Klassifikation herangezogen werden oder alle relevanten. Auch muß festgelegt werden, anhand welcher empirisch faßbaren Indikatoren und mit Rücksicht auf welche Entscheidungskriterien die Klassifikation zu erfolgen hat. Diese Überlegungen führen mitten hinein in die Diskussion um den Zielbegriff. Sie werden im folgenden Abschnitt, der den Organisationszielen gewidmet ist, wieder aufgenommen.

Die Dimension <u>Organisationsleistungen</u> ist zunächst im Hinblick darauf weiter zu differenzieren,

welcher <u>Art</u> die <u>Leistungen</u> sind, die von der Organisation zur Erreichung des Organisationszieles hervorgebracht werden,

wer die <u>Empfänger</u> der Organisationsleistungen sind,

an welche Bedingungen die <u>Abgaben</u> oder der Empfang der Organisationsleistungen gebunden sind und

<u>wer</u> die <u>Leistungen</u> hervorbringt.

Für die Art der Leistungen bietet sich eine Unterscheidung an zwischen

- Gütern im weitesten Sinne, wozu dann, als weitergehende Untergliederung, Sachen, Organismen und Symbole gehörten, und

- Dienstleistungen der verschiedensten Art.

Für die Abgabe der Organisationsleistungen empfiehlt sich eine Unterscheidung, ob es sich bei den Empfängern

- um die Organisationsmitglieder handelt, oder

- um eine bestimmte, nach besonderen Gesichtspunkten

ausgewählte Gruppe von Organisationsmitgliedern
(Schülern der Berufsschule) oder

- um bestimmte, ausgewählte, jedoch nicht der Organi-
  sation angehörende Personen oder Personengruppen
  (Arbeitsstellensuchende, Ausbildungsstellensuchende,
  Arbeitslose, Kindergeldberechtigte) oder

- ob die Organisationsleistungen unbeschränkt jedermann zur Verfügung gestellt werden (Kfz-Besitzern,
  Autoverkäufern). 10+)

Hinsichtlich der Bedingungen, an die der Empfang oder Bezug
der Organisationsleistungen geknüpft ist, müßte man unterscheiden, ob die Organisationsleistungen den Empfängern un-
entgeltlich oder entgeltlich und gegen welche Beiträge diese
zur Verfügung gestellt werden. 11+)

Die Dimension <u>Organisationsprogramme</u> ist zunächst im Hinblick
darauf zu untergliedern:

welcher Art die Leistungen sind, die im Rahmen der
festgelegten Verfahrensweisen erstellt werden oder werden
sollen,

wie differenziert und spezialisiert, d.h. arbeitsteilig
gegliedert, die Organisationsprogramme sind und

welches Maß an Standardisierung die Organisationsprogramme kennzeichnet.

Für die Art der Programmleistungen bietet sich eine Unterscheidung an zwischen

- operativen, der unmittelbaren Erstellung der Organisationsleistung dienende Verfahrensweisen (Autoverkauf,
  Autoreparatur, Schulunterricht, Arbeitssuchendenbe-
  ratung, Berufsberatung, Zahlung von Kindergeld),

- administrativen, lediglich mittelbar der Erstellung
  der Organisationsleistungen dienende Verfahrensweisen
  (Arbeitsamt: Sachverwaltung, Statistik, Pressestelle;
  Autohaus: Verkaufsverwaltung, Finanzen, Lager; Berufsschule: Schulverwaltung, Sekretariat, Hausverwaltung).

- personellen, nur mittelbar zur Erstellung der Organisationsleistungen beitragende Verfahrensweisen, die der
  Selektion, Rekrutierung, Sozialisation und Motivation
  des Organisationspersonals dienen (Autohaus: Personalabteilung, Führungskreis; Bundesanstalt für Arbeit:
  Abteilung V, Arbeitsamt: Personalverwaltung, Aus- und
  Fortbildung).

Die Dimension <u>Organisationsvorschriften</u> ist zunächst im Hinblick darauf weiter zu untergliedern,

welches Maß an Formalisierung, der schriftlichen Fixierung von zu erledigenden Arbeitsaufgaben und der dabei zu beachtenden Regeln vorliegt,

welche Verbindlichkeit ihnen im Einzelfall zukommt und wie bei Abweichungen zu verfahren ist,

welche Teile des Organisationsprogramms und welche Bereiche der Organisation formalisiert sind,

inwieweit hinsichtlich verschiedener, abgrenzbarer Gruppen der Organisationsmitglieder Unterschiede hinsichtlich des Ausmaßes der Formalisierung und hinsichtlich der Verbindlichkeit der Organisationsvorschriften zugelassen oder tatsächlich gegeben sind,

welche Hierarchisierung die Informations-, Kommunikations- und Autoritätsbeziehungen durch die Organisationsvorschriften erfahren,

wer die Organisationsvorschriften erläßt und wie die Organisationsangehörigen daran beteiligt werden,

welche Verhaltensbereiche der Organisationsangehörigen von den Organisationsvorschriften erfaßt werden.

Für die Dimension <u>Organisationsmitglieder</u>, die man dem gängigen Sprachgebrauch folgend auch Organisationsangehörige nennen könnte, ist zunächst zu unterscheiden zwischen

Organisationsmitgliedern, die eher aktiv an der Erstellung der Organisationsleistungen gemäß den Organisationsprogrammen beteiligt sind (Berufsberater, Arbeitsvermittler, Versicherungssachbearbeiter des Arbeitsamtes oder, besser, alle Beamten, Angestellten und Arbeiter des Arbeitsamtes, ebenso alle Angestellten und Arbeiter des Autohauses),

Organisationsmitgliedern, die eher passiv die Organisationsleistungen gemäß den Organisationsprogrammen entgegennehmen, empfangen oder erhalten,

Organisationsmitgliedern, die für die Leitung der Organisation zuständig sind (Direktor des Arbeitsamtes, Präsident der Bundesanstalt für Arbeit, Geschäftsführer des Autohauses, Direktor der Berufsschule) und deren Haupttätigkeit die Leitung ist.

Diese Unterscheidung folgt dem Kriterium der Mitwirkung an der Erstellung der Organisationsleistungen.

Als weitere Unterteilung käme infrage eine solche nach der fachlichen Qualifikation des Organisationspersonals. Sie könnte um eine weitere Unterteilung ergänzt werden, die den arbeitsrechtlichen Status berücksichtigt oder üblichen berufssoziologischen Unterscheidungen folgt. [12+)]

Die Dimension <u>Organisationstechnologie</u> ist zunächst im Hinblick darauf weiter zu untergliedern,

in welchem Ausmaß die Organisationsprogramme mechanisiert, maschinisiert oder automatisiert sind,

welche Programmteile oder -abschnitte vermittels automatisierter Verfahren allein abgewickelt werden,

inwieweit Koordination und Kontrolle vermittels technischer Verfahren erfolgen,

inwieweit die eingesetzte Technik den Programmablauf determiniert.

Die Dimension <u>Organisationsstruktur</u> ist zunächst im Hinblick darauf weiter zu untergliedern,

in welcher spezifischen Weise in der Organisation die aus dem Organisationsprogramm in Verbindung mit den Organisationsvorschriften und unter Berücksichtigung des Organisationspersonals wie der Organisationstechnologie resultierenden Positionen nebst den mit ihnen verbundenen Rollen gegeneinander abgegrenzt, aufeinander bezogen und miteinander verknüpft werden.

Am besten wäre es, wenn es gelänge, eine den unterschiedlichen Konfigurationen möglichst nahe kommende Kategorisierung zu entwickeln. Wahrscheinlich müßte man zu diesem Zweck verschiedene Konfigurationen unterscheiden, etwa die Programm-, Kommunikations-, Autoritäts- und Kontrollstruktur.

Die Dimension <u>Organisationsleitung</u> ist zunächst im Hinblick darauf weiter zu untergliedern,

welcher Art die Herrschaftsverfassung der Organisation
ist, ob 'genossenschaftlich-demokratisch' oder 'hierar-
chisch-monokratisch',

wie die Auswahl der Inhaber von 'Leitungspositionen'
erfolgt und wer an diesem Prozeß beteiligt ist,

welche Kompetenz den Inhabern von 'Leitungspositionen'
zukommt und wer deren Handhabung kontrolliert,

auf welche Weise die Organisationsangehörigen die
Inhaber von Leitungspositionen kontrollieren und

wie die herrschaftliche Verfassung begründet wird.

Mit der Dimension <u>Organisationsträger</u> soll dem Umstande
Rechnung getragen werden, daß es in vielen Fällen wichtig
ist, ob eine Organisation

autonom, nur von den Organisationsmitgliedern getragen
und diesen verantwortlich ist,

privaten Trägern als Instrument zur Durchsetzung
bestimmter Interessen oder zur Verwirklichung bestimmter Ziele dient,

öffentlich-rechtlichen Trägern als Instrument ihrer
Ziele dient oder

Träger verschiedener Herkunft und unterschiedlicher
Interessen besitzt.

Ferner dürfte es sich empfehlen, bei dieser Dimension noch
eine Unterteilung vorzunehmen, die eine Unterscheidung danach
zuläßt,

welcher Art die Einflußnahme des Trägers auf die Organisation
ist, ob sie

- durch Vorgabe allgemeiner Richtlinien und eines
  Handlungsrahmens erfolgt oder

- durch finanzielle, materielle oder personelle Zuweisungen,
  die mit Auflagen verbunden sind, oder

- durch Einflußnahmen und Entscheidungsvorbehalte im
  Einzelfall,

- durch Revision und Kontrolle des 'Organisationshandelns'
  im nachhinein;

welche Dimensionen einer Einflußnahme unterliegen:
- Organisationsziele,
- Organisationsleistungen,
- Organisationsprogramme,
- Organisationsvorschriften,
- Organisationspersonal,
- Organisationstechnologie,
- Organisationsstruktur,
- Organisationsleitung.

Für die Beschreibung von Organisationen und die Analyse des
Organisationshandelns ist es nicht gleichgültig, wie groß eine
Organisation ist, weil nach dem derzeitigen Wissensstand mit
der Größe der Organisation zwar nicht linear, sondern eher
in Sprüngen und auch nicht immer gleichsinnig, Variationen
auf den meisten der hier diskutierten Organisationsdimensi-
onen zu verzeichnen sind.

Deswegen wird in der Regel auch die Größe einer Organisation
als relevante Organisationsdimension zum Zwecke der Klassifikation angesehen. Dem bin ich hier nicht gefolgt [13+], was bedeutet, daß die Berücksichtigung des Einflusses der Organisationsgröße im Einzelfall erfolgen sollte. Dabei kommt es darauf an, eine für die jeweilige Organisation und die jeweilige
Fragestellung angemessene Definition und Operationalisierung
des Merkmals Größe zu finden, was keineswegs einfach ist.
Mißt man die Größe am Organisationspersonal, an den Organisationsleistungen oder an den Organisationsprogrammen, so hat
dies in der Regel jeweils verschiedene Konsequenzen.

Anmerkungen zu Kapitel 3:

1) Das Entscheidungs- und Kontrollzentrum besteht ebenfalls
    aus Personen: einer ('Führungsprinzip') oder mehreren
    ('Kollegialprinzip').

2+) Wer sich intensiver mit der Mehrdeutigkeit des Organisa-
    tionsbegriffs und ihren Ursachen beschäftigen möchte, der
    vergleiche einmal den Begriff 'Organisation' in Max
    WEBERS 'Soziologie der Herrschaft' (1976, S. 68f.)mit
    jenem von Robert MICHELS in 'Die Notwendigkeit der Orga-
    nisation' (1976, S. 86-95) oder jenem von Chester I.
    BARNARD in seinen Überlegungen zur 'Entfaltung des Be-
    griffs' (1976, S. 131-135) oder jenem von Herbert A.
    SIMON in 'Das Gleichgewicht der Organisation' (1976,
    S. 176-178, 184-187) oder jenem von Niklas LUHMANN in
    'Soziale Systeme' (1976, S. 195-201) oder jenem von
    Friedhart HEGNER in seiner Vorbemerkung 'Zum Aufeinander-
    treffen von Individuen und sozialen Systemen' (1976,
    S. 226-231) oder jenem von Alain TOURAINE in seiner Er-
    örterung der 'Differenzierung der Funktionsebenen des
    Unternehmens' (1976, S. 263-271).

3) Soweit Handreichungen für Manager, Organisationsleiter,
    Organisatoren usw. dies durch die Schlichtheit ihrer we-
    nigen Prinzipien zu suggerieren versuchen, sind sie ein-
    fach unseriös.

4+) Wer sich eingehender über die Entwicklung der Organisa-
    tionssoziologie informieren möchte, sei verwiesen auf
    MAYNTZ / ZIEGLER (1977).

5+) Überlegen Sie einmal, welche Personen oder Personengrup-
    pen es beim Arbeitsamt sein könnten, die zwar weder Ange-
    hörige der Organisation noch Leistungsempfänger der Or-
    ganisation sind, aber von den Aktivitäten der Organisa-
    tion betroffen werden oder betroffen werden können und
    welcher Art die Betroffenheit sein könnte.

6) Ich lehne mich mit dieser Metapher an eine von Karl R.
    POPPER (1973, S. 230ff.) gebrauchte Metapher an.

7+) Wer sich dafür näher interessiert, sei hingewiesen auf
    meine Ausführungen in 'Praktische Organisationsforschung'
    (1977).

8+) Wer sich eingehender mit methodologischen Problemen der
    Klassifikation und der Konstruktion von Typologien be-
    schäftigen will, sei verwiesen auf SODEUR, 1974.

9) (df) bedeutet: Definition

10+) Es wäre hier angebracht, sich bei der genaueren Bestimmung der Klassifikationsmerkmale z.T. an jenen Unterscheidungen zu orientieren, welche die Wirtschafts-
wissenschaften im Zusammenhang mit der Lehre von den
Marktformen entwickelt haben.

11+) Hier empfiehlt sich ein Anschluß an die Diskussion über
'private' und 'öffentliche' Güter, wie sie in der neuen
politischen Ökonomie' geführt wird.

12+) Berücksichtigt werden müßte ferner noch eine Unterteilung des 'Organisationspersonals', die der Frage nachgeht, ob alle, ein Teil oder keine Organisationsangehörigen in der und für die Organisation hauptberuflich
tätig sind und damit ihren Lebensunterhalt erwerben, um
auf diese Weise 'Arbeitsorganisationen' nach unserer Definition von anderen Organisationen unterscheiden zu
können. Zusätzlich empfiehlt sich noch eine Berücksichtigung des Sachverhaltes durch eine entsprechende Unterteilung, ob und in welchem Ausmaß Organisationsangehörige gehalten sind oder sich entschieden haben, einen
wesentlichen Teil ihres Lebens in der Organisation und
deren Baulichkeiten zu verbringen.

13+) Ebenfalls ausgespart habe ich die sonst hin und wieder
benutzte Charakterisierung relevanter Sektoren der Organisationsumwelt. Dies soll keineswegs bedeuten, daß
dem hier vorgeschlagenen Klassifikationsschema eine Vorstellung zugrundeliegt, wir hätten es bei der Organisation mit einem 'geschlossenen System' zu tun. Ich gehe
sehr wohl davon aus, daß - bei Anwendung des Systembe-
griffs - Organisationen angemessen nur begriffen werden
können, wenn man sie als 'offene Systeme' versteht, die
in ständigen Austauschbeziehungen mit ihrer Umwelt
stehen. Darauf weisen auch die verschiedenen Bemerkungen und Ausführungen in den vorhergehenden Kapiteln
hin. Die Berücksichtigung der Organisationsumwelt als
Dimension zur Klassifikation von Organisationen hätte
aber, wenn man nicht die Organisationsperspektive allein zugrundelegt, eine eigenständige Klassifikation der
Umwelt erfordert. Dies war nicht zu leisten. Zu berücksichtigen bleibt somit, daß bei der Beschreibung und
Analyse von Organisationen immer auch deren Umwelt oder,
wenn man so will, Umwelten einzubeziehen sind.

4. Ziele und Strukturen von Organisationen

4.1. Zwecke und Ziele von Organisationen

4.1.1. Die Bedeutung von Organisationszielen für die Analyse von Organisationen

Unter Organisationszielen verstehe ich hier (s.S. 80)

"die Zwecke, um derentwillen eine Organisation gegründet wird und deren Erfüllung die Organisation
erreichen soll."

Aus dieser Definition ergibt sich bereits die besondere Bedeutung, die den Organisationszielen für die Analyse von Organisationen zukommt.

Organisationsziele

bestimmen die zu erbringenden Organisationsleistungen
und damit zugleich die Organisationsprogramme,

umreißen den anzustrebenden oder zu erhaltenden Organisationszustand, insbesondere die Organisationsstruktur,

gelten als Richtschnur für die Organisationstätigkeit
und beeinflussen so die Organisationsvorschriften, die
Organisationstechnologie, die Organisationsmitglieder
und die Organisationsleitung,

liefern den Erfolgsmaßstab für die Organisationsleitung
wie für die Organisationsträger,

dienen der internen und externen Selbstdarstellung und
der Rechtfertigung des Organisationshandelns,

unterstützen oder erschweren Rekrutierung und Motivation der Organisationsmitglieder,

sichern die Mittelbeschaffung und die Mittelverteilung.

Allerdings ist es nicht leicht, die jeweiligen Ziele des Organisationshandelns bei der empirischen Analyse eindeutig zu
ermitteln. Dies liegt insbesondere daran,

daß es in der Regel mehrere, z.T. miteinander konkur-
rierende oder gar unvereinbare Organisationsziele gibt,
die von verschiedenen Kräften innerhalb oder gar außerhalb der Organisation definiert und durchzusetzen versucht werden,

daß die Organisationsziele nur selten exakt definiert
und in einer empirisch faßbaren Weise operationalisiert
sind,

daß nicht selten ein Unterschied besteht zwischen den
offiziell als Organisationszielen herausgestellten
und propagierten Zielen und jenen Organisationszielen,
die für die Organisationsprogramme und die Organisationsstrukturen tatsächlich von Bedeutung sind.

Diese Schwierigkeiten haben hin und wieder Anlaß dazu gegeben,
von Organisationszielen überhaupt abzukommen und das sogenann-
te Zielmodell der Organisation, das von den Organisationszielen seinen Ausgang nimmt, durch ein Systemmodell zu ersetzen.
Auf Organisationsziele oder etwas, was an deren Stelle tritt,
konnte aber auch dann meist nicht verzichtet werden, wie das
Beispiel des Versuches von ETZIONI (1967, S. 33-37) zeigt.
Den Kritikern des Zielmodells ging es in erster Linie und
mit Recht darum, folgendes deutlich zu machen: keine wirkli-
che Organisation läßt sich, ausgehend von den Organisationszielen und orientiert nur an diesen, hinreichend genau beschreiben und analysieren. [1+)]

4.1.2. Arten und Funktionen von Organisationszielen

Schauen wir uns in unserer geschichtlich-gesellschaftlichen
Wirklichkeit um und fragen nach den Zielen konkreter Organisationen oder lesen wir, was sozialwissenschaftliche Autoren
über Organisationen und deren Ziele zu berichten haben, so
stellen wir fest, daß es verschiedene Arten von Zielen gibt
und daß den Zielen unterschiedliche Funktionen zukommen,
zugeschrieben werden oder von ihnen erwartet werden. Auch
ist das Abstraktionsniveau, auf dem die Ziele jeweils

formuliert werden oder auf dem über Ziele von Organisation
diskutiert wird, sehr unterschiedlich . Hinzu kommt, daß
weder in der sozialen Wirklichkeit noch in der Literatur
Einigkeit darüber besteht, was unter Zielen von Organisationen jeweils zu verstehen ist (s. ZIEGLER, 1977, S. 36ff.).
Auch Ziele sind Kategorien, die den Begriffen mit Bedeutungsfamilien zuzurechnen sind und für die somit ähnliches gilt
wie für den Begriff Organisation selbst (s. Kap. 3.1).
Es ist deswegen im wesentlichen von den jeweils angewandten
expliziten und impliziten Definitionsregeln und deren theoretischem Hintergrund abhängig, was konkret unter Organisationszielen verstanden wird. Da dieser Zusammenhang oft nicht
deutlich gemacht wird, muß aus der je spezifischen Argumen-
tationsweise der Autoren erschlossen werden, was konkret mit
Zielen gemeint ist.

4.1.2.1. Arten von Organisationszielen

Fragt man nach den verschiedenen Arten von Organisationszielen,
so denkt man zunächst an jene Bereiche unserer geschichtlich-
gesellschaftlichen Wirklichkeit, auf die sich die kooperative
Leistung bezieht, die mit einer Organisation bewirkt werden
soll. Diesem Verständnis entspricht auch unsere Unterteilung
anläßlich der Entwicklung des Klassifikationsschemas (s.
Kap. 3.6.1). Wenden wir diese auf das Arbeitsamt an, so ergibt sich aus den Aufgabenbeschreibungen der Bundesanstalt
für Arbeit (s. S. 27), das dem Arbeitsamt sowohl wirtschaftliche als auch sozialpolitische und, falls man die berufliche Bildung dazurechnet, auch noch kulturelle Ziele vorgegeben sind. Auch die Ziele der Berufsschule sind nach der Formulierung im Beschluß der Kultusministerkonferenz (s. S. 34ff.)
nicht ausschließlich pädagogisch und kulturell, sondern auch
wirtschaftlich orientiert. Selbst die Ziele des Autohauses
sind nach der Vereinbarung der Führungsgruppe (s. S.34ff.)

nicht nur wirtschaftliche.

Für die drei Beispielorganisationen ist somit eine Kombination von Zielsetzungen charakteristisch. Ferner ist bei keiner auszuschließen, daß die verschiedenen Zielsetzungen miteinander in Konflikt geraten können und eine Entscheidung
darüber nötig wird, welcher Zielsetzung unter welchen Bedingungen die Priorität zukommt und welche Zielsetzung gegebenenfalls vernachlässigt und zurückgestellt werden kann. In
der Vereinbarung der Führungsgruppe des Autohauses (s.Kap.
2.2.3, S. 26ff) kommt dieser mögliche Konflikt zum Ausdruck.
Die Lösung sieht die Priorität eines der Organisationsziele
im Konfliktfalle vor.

Unter dem Thema 'Arten von Organisationszielen' ist auch die
Frage zu behandeln, wie konkret und in kooperatives Handeln
umsetzbar die Organisationsziele formuliert sind. Nehmen wir
als Beispiele die Bundesanstalt für Arbeit und das Arbeitsamt. Das in der Veröffentlichung genannte Ziel 'Berufsberatung' (s. S.34ff) läßt sich auf sehr verschiedene Weise um-
setzen. Seine Anwendung im Rahmen der Organisation bedarf
folglich der genaueren Bestimmung, der Operationalisierung.
Einen Versuch dazu enthalten die Ausführungen über Berufsberatung von Ludwig ZETTL (BUNDESANSTALT, 1979, S. 125):

"Angesichts des schwer zu überschauenden Arbeitsmarktes, der
unterschiedlichen Einrichtungen zur beruflichen Bildung und
der Vielfalt an Bildungswegen, -voraussetzungen und -abschlüs-
sen hat die Berufsberatung Jugendliche und Erwachsene zu unterstützen, das Grundrecht auf freie Entfaltung der Persönlichkeit und auf freie Wahl des Berufs und der Ausbildungs-
stätte wahrzunehmen. Dazu kommt die Aufgabe, mitzuwirken bei
den Bemühungen um einen Ausgleich von Angebot und Nachfrage
auf dem Arbeits- und Ausbildungsstellenmarkt.

Ihrem bildungs-, wirtschafts- und sozialpolitischen Auftrag
zur öffentlichen Daseinsvorsorge und zur sozialen Sicherung
für die heranwachsenden Menschen in einer hochentwickelten
Industriegesellschaft hat die Berufsberatung durch das Angebot vielfältiger Dienste und Leistungen zu entsprechen:

- Berufsorientierte Maßnahmen und Mittel zu den Bereichen
  der berufsbezogenen Bildung, der Berufe, des Ausbildungs-
  und Arbeitsmarktes (in Wort, Schrift und Bild) (Berufsorientierung);

- umfassende, persönliche Beratung (sowie ggf. psycholo-
  gische und/oder ärztliche Begutachtung) zur Vorbereitung individueller Entscheidungen über Bildungs- und
  Berufswege und zur Entwicklung längerfristiger beruflicher Perspektiven (Berufliche Beratung);

- Vermittlung in betriebliche Ausbildungsstellen bzw.
  Nachweis schulischer Ausbildungsplätze für alle Berufe
  (Ausbildungsvermittlung);

- Förderung von betrieblicher und überbetrieblicher
  Berufsausbildung (insbesondere auch für Behinderte)
  durch Beihilfen unter gesetzlich festgelegten Voraussetzungen sowie finanzielle Förderung von Lehrgängen
  für Jugendliche mit verminderten Ausbildungschancen (vgl.
  hierzu auch Ausbildungsförderung)."

Der Versuch, das recht abstrakt formulierte Ziel Berufsberatung konkreter zu fassen, macht die Schwierigkeit deutlich,
die mit der Operationalisierung von abstrakt formulierten
und durch Unbestimmtheit gekennzeichneten Organisationszielen verbunden ist. Er zeigt ferner, daß auch dabei der mögliche Zielkonflikt zwischen wirtschaftlichen, sozialpolitischen und kulturellen Zielen, die mit der Berufsberatung an-
gesteuert werden, nicht gelöst wird. Darüber hinaus bestä-
tigt dieses Beispiel, daß es zweckmäßig ist, zwischen Organisationszielen, Organisationsleistungen und Organisationsprogrammen zu unterscheiden (s. Kap. 3.6.1). Auch ZETTL löst
das Problem der Konkretion des Organisationszieles durch den
Hinweis auf die Organisationsleistungen, die diesem Ziele
dienen (Berufsorientierung, berufliche Beratung, Ausbildungsvermittlung und Ausbildungsförderung), und spricht damit
schon die Organisationsprogramme an, die der Erstellung der
Organisationsleistungen dienen. Dieser Weg wird noch klarer
in dem gesamten Artikel, in dem nach Darstellung der Aufgaben
über 'Grundsätze', 'Zusammenarbeit mit anderen Stellen' und
'Personal', also über wesentliche Aspekte von Organisationsprogrammen, berichtet wird. [2]

Renate MAYNTZ (1963, S. 59f.) zielt mit ihrer Unterscheidung von Organisationszielen darauf ab, "Unterschiede (herauszustreichen), die für die Struktur und die Funktionsweise von Organisationen entscheidend sind." Sie unterscheidet folgende Kategorien:

> "Bei der ersten Kategorie erschöpft sich das Organisationsziel im Zusammensein der Mitglieder, ihrer gemeinsamen Betätigung und dem dadurch geförderten gegenseitigen Kontakt."

> "In einer zweiten Kategorie kann man alle Organisationen zusammenfassen, deren Ziel es ist, auf bestimmte Weise auf Personengruppen einzuwirken, die zu diesem Zweck - zumindest vorübergehend - in die Organisation aufgenommen sind."

> "Bei der dritten Kategorie handelt es sich um Leistungen, die erstellt, oder um Außenwirkungen, die erzielt werden sollen."

Eine andere Unterscheidung von Organisationszielen legte Charles PERROW (1961) vor. Am Beispiel des Krankenhauses unterscheidet er zwischen

> offiziellen Zielen; jenen, die nach außen bekannt sind und gegenüber der Öffentlichkeit vertreten werden; sie sind in der Regel generell und abstrakt;

> operativen Zielen; jenen Zielen, die tatsächlich praktiziert werden, die aufgrund alternativer Möglichkeiten, die sie eröffnen, anhand der von den Organisationsmitgliedern konkret getroffenen Entscheidungen ermittelt werden; in ihnen drücken sich die Prioritäten des Personals aus.

Beide Ziele können z.T. beträchtlich voneinander abweichen. Dies gilt nicht nur für Krankenhäuser. Eine Analyse des Arbeitsamtes bezüglich der Berufsberatung und unter Verwendung dieser Differenzierung dürfte zu einem ähnlichen Ergebnis führen. Ebenso eine Analyse des Autohauses.

4.1.2.2. Funktionen von Organisationszielen

Über die Funktionen von Organisationszielen läßt sich nur
sprechen, wenn der Bezugspunkt eindeutig bestimmt ist. Dieser
ist abhängig von der gewählten Perspektive, so daß sich für
die nähere Bestimmung von Funktionen sowie für ihre Klassifikation jene Probleme stellen, die ausführlich im Abschnitt
'Perspektiven des Handelns in Organisationen' (s.S. 61 ff.)
erörtert wurden. Solange es sich um eine Aufzählung möglicher
Funktionen handelt, wie zu Beginn dieses Kapitels, läßt sich
eine differenzierte Behandlung dieser Problematik vernachlässigen; bei der Entwicklung von Merkmalsklassen zur Ordnung
von Funktionen ist dies jedoch nicht mehr möglich.

Zwei Funktionen von Zielen sind von dieser Problematik allerdings nicht betroffen. Sie resultieren aus dem spezifischen
Charakter von Organisationen als sozialen Gebilden, und zwar
> die Sicherung der dauerhaften Kooperation der
> Organisationsmitglieder sowie
>
> die Sicherung der Anerkennung der Organisation
> durch die gesellschaftliche Umwelt.

Von beiden Funktionen hängt der Bestand der Organisation ab.
Allerdings können weder die dauerhafte Kooperation noch die
Anerkennung durch die Umwelt allein mit Hilfe der Organisationsziele erklärt werden (BARNARD, 1976, S.144ff.;
HEGNER, 1976, S. 235ff.): Für das Handeln der Organisationsangehörigen sind neben den Zielen noch andere Faktoren von er-
heblicher Bedeutung. Zu bedenken bleibt aber immer, daß die
Organisationsziele die Organisationsstruktur bestimmen und
damit

"den institutionellen Rahmen,der die Handlungen der arbeitsteilig interagierenden Individuen steuert, der die Rollen der
individuellen Akteure definiert und der die Gestaltungsspielräume umreißt, die den intentional handelnden Individuen in
Abhängigkeit von dieser Position in der Organisation zugebil-
ligt werden oder de facto zukommen" (BÜSCHGES, 1980, S. 205).

4.1.3. Zielbildung und Zielbestimmung

Die Organisationsziele können

> von den Gründern der Organisation bestimmt worden sein (z.B. Bundesanstalt für Arbeit und Arbeitsamt),

> von den Organisationseliten ausgehandelt werden (z.B. die Vereinbarung der Führungsgruppe des Autohauses),

> von Trägern vorgegeben werden (z.B. Berufsschule),

> von Organisationsangehörigen oder ihren Repräsentanten selbst beschlossen werden

oder auf andere Art und Weise zustande kommen.

In der Regel bleiben die Organisationsziele recht abstrakt, so daß sie zu ihrer praktischen Umsetzung der Operationalisierung bedürfen: der Bestimmung der Leistungen, der Programme, der Vorschriften, der Technologien und des Personals von Organisationen.

Im allgemeinen handelt es sich bei diesen, der Zielsetzung dienenden Prozessen um ein innerorganisatorisches Bargaining zwischen Organisationsleitung, einzelnen Organisationsangehörigen und Gruppen der Organisationsmitglieder:

"Gegenstand dieser Prozesse ist die Operationalisierung der Ziele, wobei Operationalisierung hier aufgefaßt wird als Zuweisung von Teilzielen und die Berücksichtigung funktionaler Erfordernisse (ausgedrückt in der Regel durch Interessen von funktional gebildeten Gruppierungen, z.B. Abteilung oder Bereichen wie Einkauf, Verkauf, Produktion etc.) und die Akzeptierung dieser Ziele durch die Mitglieder, entweder durch Herrschaftsausübung oder durch Satisfaktionen; erst akzeptierte Ziele werden handlungsrelevant für die Mitglieder" (BÖSCHGES/LÜTKE-BORNEFELD, 1977, S. 11).

4.1.4. Zielkonflikte und Zielwandel

Die Bestimmung der Organisationsziele wie deren Umsetzung ist,
wie vorstehendes Zitat bereits deutlich gemacht haben dürfte,
ein konfliktträchtiges Unterfangen: Allen Beteiligten geht
es in diesem Prozeß darum, ihre eigenen Vorstellungen vom
Leitbild der Organisation und ihre mit der Tätigkeit in der
Organisation verbundenen Interessen möglichst weitgehend
durchzusetzen. In dieser Beziehung ist in der sozialen Wirklichkeit nicht Übereinstimmung der Organisationsangehörigen
die Regel, sondern Nichtübereinstimmung. Auch die in allen
Organisationen zu findende, im Interesse des Zusammenhalts
unerläßliche Trennung von organisatorischem Zweck und individuellem Motiv, die BARNARD (1976, S. 144ff.) postuliert,
hebt diese Problematik nicht auf, sondern bringt sie nur auf
den Begriff. Die abstrakte Formulierung der Organisationsziele und die vielfach zu verzeichnende Verfolgung mehrerer,
nicht eindeutig voneinander abgehobener und in ein Prioritä-
tensystem eingebrachter Organisationsziele stellt eine erste
Quelle für Zielkonflikte dar. Dieser können sich die verschiedenen Interessengruppen bedienen, um auf dem Umweg die
nähere Bestimmung der Organisationsziele - ihre Operationalisierung - ihre Interessen möglichst durchzusetzen. Bei diesen
Konflikten geht es zumeist darum, über die Zielfestlegung
Einfluß auf die Organisationsleistungen und die Organisationsprogramme zu gewinnen, manchmal auch auf die Organisationsvorschriften, auf die Organisationstechnologien und das
Organisationspersonal.

In diesen Konflikten geht es letztlich um den Zweck, dessent-
wegen man sich in der Organisation zusammengeschlossen hat
oder der Organisation beigetreten ist. Konflikte dieser Art
zeichnen sich deswegen oft durch ein gewisses Maß an Uner-
bittlichkeit aus. Der Konflikt um die Mitbestimmung der Arbeitnehmer oder ihrer Vertreter in wirtschaftlichen Unterneh-

men und in der öffentlichen Verwaltung ist ein Beispiel für
diesen Konflikttyp.

Konflikte dieser Art können sich bei der Bundesanstalt für Arbeit und beim Arbeitsamt insbesondere daraus ergeben, daß
sich im Rahmen des Organisationszieles 'Berufsberatung' die
geforderte Unterstützung des Grundrechts der freien Entfaltung der Persönlichkeit und der freien Wahl des Berufes nicht
immer und meist nur schwer mit dem ebenfalls geforderten Bemühen um einen Ausgleich von Angebot und Nachfrage auf dem
Arbeits- und Ausbildungsstellenmarkt vereinbaren läßt. Diese
Konflikte dürften sich in den Selbstverwaltungsorganen ab-
spielen. Ob diese Selbstverwaltungsorgane, wie ZETTL (1979,
S. 126) behauptet, wegen der in ihnen repräsentierten gesellschaftlichen Gruppierungen (Arbeitnehmer, Arbeitgeber sowie
Bund, Länder und Gemeinden)
"eine von politischen, wirtschaftlichen und fiskalischen Zu-
fälligkeiten unabhängige Aufgabendurchführung (gewährleisten),
so daß je nach aktuellen Erfordernissen rasch und praxisnah
gehandelt werden kann",

ist m.E. keineswegs sicher.

Für das Autohaus stellt sich hier das Problem, ob es immer
möglich ist, die beiden in der Vereinbarung der Führungsgruppe (s.Kap.2.2.3, S.26ff.) festgelegten Ziele tatsächlich "gleichzeitig und gleichrangig" zu verfolgen. Die gewählten abstrak-
ten Formeln lassen in Verbindung mit den unbestimmten Rechts-
begriffen wie 'möglichst', 'gut', 'optimal', 'hoch'. 'human'
zwar einen breiten Spielraum für Interpretationen, doch kann
gerade hierin auch eine Quelle von Konflikten liegen.

Um Konflikte ganz anderer Art handelt es sich, wenn nicht die
festgelegten Ziele zur Diskussion stehen, sondern wenn es unter Anerkennung der festgelegten Organisationsziele - um deren Umsetzung in Organisationsleistungen, Organisationsprogramme und Organisationsvorschriften geht oder wenn es um die

Verteilung der der Organisation zur Verfügung stehenden Mittel auf die verschiedenen Organisationsleistungen und Organisationsprogramme geht. In diesen Bargaining-Prozessen geht
der Konflikt entweder auf Unterschiede in den Operationali-
sierungsvorschlägen zurück, die aus den jeweils verschiedenen Perspektiven und fachlichen Kompetenzen derjenigen Personen und Personengruppen resultieren, denen verschiedene
Funktionen im arbeitsteiligen Prozeß zufallen (z.B. Verkauf,
Finanzen, Kundendienst, Teiledienst, Zweigstellen, Personal
im Falle des Autohauses oder Arbeitsvermittlung, Berufsberatung, Versicherung, Verwaltung im Falle des Arbeitsamtes).
Der Konflikt kann aber auch darauf beruhen, daß die Operationalisierung zum Anlaß genommen wird, den Einfluß oder den
Anteil der eigenen Gruppe zu vergrößern oder den einer bislang einflußreichen Gruppe zurückzudrängen. In diesen Konflikten steht das Organisationsziel nicht infrage; sie dürfen deswegen in manchen Fällen leichter lösbar sein.

Wegen der durchweg in allen Organisationen zu verzeichnenden
Beharrungstendenz wirft der Wandel der Organisationsziele besondere Probleme auf. Ein Wandel der Organisationsziele kann
notwendig werden, wenn das gesetzte Organisationsziel er-
reicht wurde und deswegen die Organisationsleistungen nicht
mehr erbracht werden müssen. In diesen Fällen pflegen sich
existierende Organisationen zumeist nicht aufzulösen. Sie
tendieren vielmehr dazu, sich neue Aufgaben zu suchen und
sich neue Ziele zu setzen, um die Existenz der Organisation
zu sichern.

Ein Zielwandel kann aber auch erforderlich werden, weil sich
die gesellschaftlichen Bedingungen verändert haben und eine
Wandlung der Ziele im Interesse der Existenzsicherung und
der Erhaltung der Leistungsfähigkeit der Organisation unerläßlich ist. Solche Wandlungsprozesse stoßen oft auf Schwierigkeiten, weil sie den organisatorischen status quo, das

eingespielte Macht- und Interessengleichgewicht, gefährden
können. [3+)]

4.1.5. <u>Zielsetzungsprozesse als Machtprozesse</u>

Organisationen sind Herrschaftsinstrumente, so lautet der Te-
nor der Ausführungen im Kapitel 2.2.5. Eine Organisation ist
"ein herrschaftlich verfaßtes, komplexes, relativ dauerhaftes
und strukturiertes Aggregat (Kollektiv) ..., das wenigstens
über ein Entscheidungs- und Kontrollsystem verfügt, welches
die Kooperation steuert ...," so definierte ich im Kapitel
3.1. Organisationen sind soziale Gebilde, die "eine hierarchische Gliederung und Kontrollinstanzen zur Steuerung und Gewährleistung der Kooperation gemäß den gesetzten Zielen und
Zwecken" besitzen, so behauptete ich im Kapitel 3.3. Der herrschaftliche Charakter von Organisationen kam auch in den Dimensionen Organisationsziele zum Ausdruck, durch den Verweis
auf die Instanzen, die Ziele vorgeben (Organisationsvorschriften), in der Berücksichtigung der Hierarchisierung (Organisationsstruktur), durch Hinweis auf die Autoritätsstruktur
(Organisationsleitung), im expliziten Hinweis auf die Herrschaftsverfassung sowie 'Organisationsträger' und dessen Einflußnahme (s. Kapitel 3.6.2). Damit wird die Frage aktuell,
welche Bedeutung dem Herrschaftscharakter für die Prozesse der
Zielsetzung zukommt.

Folgt man Max WEBER und seinen Erörterungen zum Idealtypus
'bürokratischer Herrschaft' (1976, S. 69ff.), so sind Organisationen, zumindest solche bürokratischen Typs, im Idealfalle
rationale Instrumente in den Händen eines Herrn zur unver-
fälschten Durchsetzung des Herrscherwillens. Die Zielsetzung
liegt eindeutig beim Herrn der bürokratischen Organisation,
deren Verwaltungsstab keine andere Funktion hat, als den
Herrschaftswillen zur Geltung zu bringen. Bürokratische

Organisationen dieses Typs gleichen 'Uhren' und nicht 'Wolken', um an die früher gebrauchte Metapher zu erinnern: strenge Zentralisierung aller Entscheidungen, vertikale Kommunikation, möglichst weitgehende Arbeitsteilung gepaart mit einem Höchstmaß an Standardisierung und Formalisierung der Arbeitsaufgaben und einem Überwiegen von Konditionalprogrammen zeichnen dieses Modell aus.

In der Regel sind Organisationen, die in unserer sozialen Wirklichkeit existieren und mit denen wir tagtäglich zu tun haben, keine reinen Herrschaftsinstrumente in den Händen eines Herrn. Selbst jene, bei denen dies von den Gründern und/oder Trägern beabsichtigt ist, funktionieren nicht nach diesem Modell, weil bei der Umsetzung der Organisationsziele in Leistungen und Programme in aller Regel die an diesem Umsetzungsprozeß beteiligten Angehörigen des Personals, zumal solche der Leitung, unter Einsatz ihrer Mittel und ihrer Qualifikationen wie ihrer Entscheidungskompetenzen Einfluß nehmen und Veränderungen durchsetzen oder faktisch bewirken.

Welche Gruppen in welchem Maße einflußreich sind, hängt von dem Einflußpotential ab, über das sie verfügen. Von Bedeutung ist dabei zumeist nicht nur das Potential innerhalb der Organisation, sondern sind auch äußere Einflußquellen, die auf Entscheidungsprozesse in der Organisation einwirken. Dies ist besonders häufig der Fall bei Organisationen im Bereich der staatlichen und kommunalen Verwaltung sowie im Bereich der Wirtschaft, aber auch bei Parteien. Auf diese Weise gewinnen der Organisation formal nicht zuzurechnende aber an der Organisation interessierte Gruppen Einfluß auf die Zielsetzungsprozesse in der Organisation. Die Gewerkschaften wie die Unternehmensverbände sind gute Beispiele.

Unter den drei Beispielorganisationen ist hinsichtlich der Definition der Organisationsziele das Autohaus wohl die

unabhängigste. Die Bundesanstalt für Arbeit ist in der Bestimmung der Organisationsziele an den Gesetzgeber und in
ihrer konkreten Fassung an den Verwaltungsrat gebunden, dem
als Organ der Selbstverwaltung Vertreter der Arbeitnehmer, der
Arbeitgeber und der öffentlichen Körperschaften als ehren-
amtliche Mitglieder angehören. Sie nehmen, wie es in der bereits zitierten Publikation der BUNDESANSTALT (1977, S. 12)
heißt,
"unmittelbaren, gestaltenden Einfluß auf die Geschicke der
Bundesanstalt und die Art und Weise, wie sie ihre Aufgaben
wahrnimmt".

Die Berufsschule ist in der Bestimmung der Organisationsziele
von den Trägern abhängig. Der Direktor, die Lehrer und auch
die Schüler können nur im Rahmen der ihnen zugestandenen
Mitwirkung ihre Vorstellungen zur Geltung bringen.

Aber auch das Autohaus ist nicht unabhängig von fremden Einflüssen. Es trägt den Namen einer bekannten Automobilfirma
und vertreibt in erster Linie deren Fahrzeuge. Damit ist auch
seine Autonomie begrenzt. [4+)]

4.2. Dimensionen der Sozialstruktur von Organisationen

Organisationen sind soziale Gebilde, deren spezifische Struktur das komplexe Resultat einer Vielzahl aufeinander bezogener und wechselseitig miteinander verknüpfter, von je eigener
und zugleich begrenzter Rationalität geleiteter elementarer
Handlungen jener Personen ist, die dem sozialen Gebilde angehören oder angehörten oder - zeitweise oder auf Dauer - zu
ihm in Beziehung stehen oder standen. In der Organisationsstruktur versuchen wir analytisch das institutionell geregelte, Regelmäßigkeiten des Handelns überindividuell widerspiegelnde Geflecht von Beziehungen, Einflußnahmen und

Interaktionen zu fassen, das die konkreten Entscheidungen und
Handlungen der Organisationsmitglieder als vorgegebener und
vorgestellter institutioneller Rahmen beeinflußt oder gar
steuert. Diese Organisationsstruktur - ein theoretischer Kon-
strukt und kein empirisch faßbares Phänomen - schließt die re-
gulierenden Normen und die divergierenden Kompetenzen ebenso
ein wie die differenzierenden Funktionen und die koordinieren-
den Kommunikationen. Sie repräsentiert symbolisch das spezifische Gefüge der arbeitsteilig differenzierten Positionen
und Rollen und ihre wechselseitige Verknüpfung. Sie ist das
komplexe Resultat eines permanenten Prozesses verketteter
Handlungen und Entscheidungen. Ihre wesentlichen Dimensionen
sind: Arbeitsteilung, Koordination und Kontrolle; Werte und
Normen; Autorität und Herrschaft; Statusgruppen.

Die Sozialstruktur einer Organisation stellt das Regelsystem
dar, das die Integration sowie den Konflikt bewirkt und das
die Organisation mit der Gesellschaftsstruktur verbindet.
<u>Empirisch faßbar</u> ist die Organisationsstruktur als <u>Sozial-
struktur</u> einer Organisation nicht unmittelbar. Sie ist uns
nur <u>mittelbar</u> zugänglich über Indikatoren, die sich finden

> in den Organisationsplänen oder den
> Organigrammen,
>
> in den Organisationsvorschriften,
>
> in den Organisationsprogrammen,
>
> in den subjektiven Vorstellungen der
> Organisationsangehörigen und der mit ihnen
> interagierenden Personen,
>
> in den Handlungen und dem Verhalten der
> Organisationsmitglieder,
>
> in den organisationsspezifischen
> 'Sprachspielen',
>
> in Dokumentationen des 'Organisations-
> handelns',
>
> in der Personalstruktur sowie
>
> in den Organisationsleistungen.

Ob die jeweils als Indikatoren gewählten empirisch faßbaren
Erscheinungen tatsächlich die jeweils infrage stehende Dimension der Sozialstruktur und nichts anderes anzeigen oder
repräsentieren, ist den Indikatoren nicht anzusehen. Es läßt
sich oft nur mühsam und mit einer breiten Fehlermarge behaf-
tet ermitteln. Doch die damit angerissenen methodischen und
methodologischen Probleme empirischer Organisationsforschung
muß ich hier aussparen.

4.2.1. Arbeitsteilung, Koordination und Kontrolle

Charakteristisches Merkmal von Organisationen als sozialen
Gebilden ist ihre arbeitsteilige Gliederung: Den verschiedenen, der Organisation angehörenden und zum Organisationspersonal gehörenden Personen sind nicht jeweils gleiche Aufgaben
übertragen, sondern jeweils unterschiedliche, mehr oder minder scharf voneinander abgehobene Aufgaben. Die Arbeitsver-
teilung in den Organisationsplänen und Organigrammen, die an-
liegend beigefügt sind für Arbeitsamt, Autohaus und Berufsschule,
bringt dies recht deutlich zum Ausdruck (s. Anhang S.201ff);
ebenso die organisatorische Gliederung des Vorstandes in der
Eisen- und Stahlindustrie sowie die Übersicht über den Orga-
nisationsaufbau des 'Funktionsbereichs Arbeitsdirektor' von
Ulrich SPIE (s. Anhang, S. 206).

Das Ausmaß der Arbeitsteilung variiert in den verschiedenen
Typen von Organisationen beträchtlich: Es ist minimal in kleinen, privaten, auf das Zusammensein der Mitglieder, ihre gemeinsame Betätigung und ihren gegenseitigen Kontakt abzielen-
den Vereinen. Es ist besonders ausgeprägt in allen Arbeitsorganisationen und wächst zugleich mit deren Größe und Komplexität. Deswegen ist hier nur die Darstellung einiger
grundlegender Züge möglich, die in konkreten Organisationen
in sehr verschiedenen und wechselnd kombinierten Formen

vorzufinden sind. Leitbild bleibt auch hier die Arbeitsorganisation.

Für die meisten Organisationen mit wirtschaftlicher, politischer, sozialpolitischer und gesundheitspolitischer Zielsetzung ist eine mehr oder minder ausgeprägte organisatorische Trennung von Zielsetzungs-, Forschungs-, Entwicklungs-, Beschaffungs-, Produktions-, Absatz-, Verteilungs- und Verwaltungsaufgaben kennzeichnend. Darüber hinaus erfolgt in den meisten Fällen noch eine weitere Differenzierung von Aufgaben dadurch, daß im Zuge der Entwicklung von Arbeitsorganisationen mit eigenen Verwaltungsstäben zunehmend die leitenden von den planenden und organisierenden und diese wiederum von den administrativen und ausführenden Funktionen getrennt werden und daß mit wachsender Organisationsgröße noch eine Trennung nach Verrichtungen, Objekten und/oder Regionen hinzukommt. In den meisten Arbeitsorganisationen erfährt infolgedessen die für alle modernen Gesellschaften charakteristische Arbeitsteilung eine weit über die berufliche Spezialisierung hinausgehende Zuspitzung. Sie findet ihren Niederschlag in der eher technisch-organisatorisch als beruflich bedingten Aufsplitterung der Arbeitsprozesse in z.T. kleinste Teilverrichtungen und deren anschließender Bündelung oder Kombination zu hochgradig spezialisierten Arbeitsrollen auf der einen und umfassenderen auf der anderen Seite.

Die 'organisationsspezifische Arbeitsteilung', in industrie-, betriebs- und organisationssoziologischen Publikationen oft auch 'funktionale Organisation' genannt, beinhaltet eine Aufteilung der zur Verwirklichung der Organisationsziele im Rahmen der Organisationsprogramme zu leistenden Aufgaben in eine mehr oder minder große Anzahl von Arbeits- und Organisationsrollen mit verschiedenen Aufgabeninhalten,

unterschiedlichen beruflichen und
qualifikatorischen Voraussetzungen,

verschieden großen Dispositionsmöglichkeiten, Ermessens- und Ent-
scheidungsspielräumen,

unterschiedlichen physischen, psychischen,
kognitiven und sozialen Anforderungen oder
Belastungen.

Ihre strukturelle Verbindung erfahren diese Rollen in der
sachlich, räumlich, zeitlich und personell erfolgenden Zuordnung von Rollen zu Organisationspositionen (oder: Berufs-
positionen, Arbeitsplätzen, Stellen) und deren organisatorische Zusammenfassung und kommunikative wie interaktive Verknüpfung zu Gruppen (Arbeitsgruppen), Abteilungen, Bereichen,
Hauptabteilungen und ähnlichen Kollektiven oder Teilgruppie-
rungen oder Teilsystemen zum Zwecke der Koordination der Organisationsprogramme und mit dem Ziel der Kontrolle des
'Organisationshandelns'.

Ein Beispiel für die hier beschriebene organisationsspezifische Arbeitsteilung ist der Organisationsplan des Arbeitsamtes (s. Anhang S.201).Er läßt die Prinzipien recht gut
deutlich werden, nach denen die Aufteilung der Aufgaben er-
folgte. In der Gliederung des Arbeitsamtes spiegelt sich zugleich die Gliederung der Hauptstelle der Bundesanstalt für
Arbeit.

Koordination und Kontrolle des arbeitsteilig gegliederten Organisationshandelns im Rahmen des Organisationsprogramms zur
Sicherung der Organisationsleistungen erfolgen mit Hilfe verschiedener Techniken und Verfahrensweisen:

durch Standardisierung, d.h. durch Normung der zu
verrichtenden Aufgaben und der Programmprozesse
nebst deren Ablauf;

durch Formalisierung, d.h. durch schriftliche Fixierung
der zu erledigenden Aufgaben, der anzuwendenden Verfahren und ihrer Abfolge im Rahmen der Organisationsvorschriften;

vermittels der technischen Anlage oder des technischen Prozesses selbst;

durch die Entwicklung und Vorgabe spezieller Organisationsprogramme für die verschiedenen Verrichtungen,
Objekte und Regionen;

durch die Festlegung der von bestimmten Gruppen
(z.B. Arbeitsgruppen) oder innerhalb bestimmter
Programmschritte zu erbringenden Organisationsleistungen;

durch Aufsichts- oder Leitungspersonal (Arbeitsvor-
gesetzte), welches die zu verrichtenden Aufgaben und
den Programmablauf bestimmt, überwacht und regelt;

durch wechselseitige Abstimmung zwischen den jeweils
miteinander interagierenden und im Programmablauf
miteinander verbundenen Personen oder Gruppierungen
(Arbeitsgruppen, Abteilungen, Hauptabteilungen etc.).

Koordination und Kontrolle erfolgen somit durch die in der
Organisationsstruktur gegebene Verknüpfung von Organisationsprogrammen, Organisationsvorschriften und Organisationstechnologien und deren Handlungsvorgaben und Handlungszwänge für
das Organisationspersonal. Formen und Arten von Koordination
und Kontrolle weisen dabei z.T. beträchtliche Unterschiede sowohl innerhalb der einzelnen Organisationen für die verschiedenen Bereiche und Personengruppen als auch zwischen verschiedenen Organisationen auf. Sie sind in dem hier als Beispiel
benutzten Autohaus mit Sicherheit anders als in anderen Auto-
häusern mit ähnlichen Organisationsleistungen, und zwar allein
schon deswegen, weil wir es hier mit einem System der Mitarbeiterbeteiligung zu tun haben, das keineswegs branchenüblich
ist.

Die für eine Organisation sowie innerhalb einer Organisation
für die verschiedenen Gruppen oder Bereiche jeweils charakteristischen Arten und Formen von Koordination und Kontrolle

sind insbesondere abhängig von (BOSCHGES, 1976, S. 20f.):

"- dem jeweiligen Gesellschaftssystem, dem die Organisation
   angehört, seinen politischen und rechtlichen Regelungs-
   systemen, den allgemein anerkannten oder den herrschenden Wertvorstellungen und kulturellen Mustern,

  - den Organisationszwecken, die dominieren,
  - den angewandten Organisationsprinzipien,
  - den eingesetzten und verfügbaren Technologien,
  - der zeitlichen und sachlichen Kontinuität der
    Organisations- und Arbeitsprogramme,
  - Art und Inhalt der zu erbringenden Leistungen oder
    zu verrichtenden Aufgaben,
  - den vorhandenen oder vermittelbaren Qualifikationen
    der Organisationsmitglieder,
  - den Motivationen, Interessen und Orientierungen der
    Mitglieder, sowie nicht zuletzt
  - den die Organisationspolitik bestimmenden Wert-
    haltungen und den diesen entsprechenden oder wider-
    streitenden Wertorientierungen der verschiedenen
    Gruppen oder Klassen von Organisationsmitgliedern.

Wegen dieser Zusammenhänge läßt sich keine Aussage darüber
machen, welche Koordinations- und Kontrollsysteme für unsere Gesellschaft generell charakteristisch sind. Auch ist
es - im Gegensatz zu häufig geäußerten Überzeugungen -
beim gegenwärtigen Stand unseres Wissens nicht möglich,
hinreichend zuverlässige Prognosen für die Wirkung verschiedener Koordinations- und Kontrollsysteme für Effek-
tivität und Effizienz einer Organisation zu machen oder
hinreichend exakt in ihrer Wirkung abschätzbare technische
Empfehlungen über die zweckmäßigsten Organisationsstrukturen zu geben."

Die jeweils in Organisationen gegebenen Systeme der Koordination und Kontrolle dienen der Gewährleistung relativ dauerhafter und möglichst reibungsloser Kooperation gemäß den vorgegebenen Organisationsprogrammen. Sie sind auf die Durchsetzung der Organisationspolitik der Organisationsleitung
wie der Organisationsträger hin orientiert. Sie schreiben
den einzelnen Organisationsangehörigen oder Gruppen des Organisationspersonals die jeweiligen Programme und die zu erbringenden Leistungen entweder exakt bis ins Detail vor und
lassen ihnen nur eine begrenzte oder überhaupt keine Dispo-
sitionsmöglichkeit, oder sie gestehen ihnen mehr oder minder

große Ermessensspielräume und Entscheidungskompetenzen zu.
Sie binden das Organisationspersonal an zentrale Instanzen
und deren Anordnungen und Entscheidungen, sie können aber
auch dezentralisierte Entscheidungszentren vorsehen.

Die für die meisten Organisationen im wirtschaftlichen und
politischen Sektor in unserer Gesellschaft typische Tendenz
nach einem Höchstmaß an Regelmäßigkeit und Rationalität in
Planung, Steuerung, Ablauf und Kontrolle des 'Organisationshandelns' führt hinsichtlich des Zusammenhanges von organisationsspezifischer Arbeitsteilung, Koordination und Kontrolle in der Regel zu folgender Konsequenz: Je spezieller die
Arbeitsaufgabe oder die Organisationsrolle, je begrenzter der
Aufgabeninhalt und je größer der Anteil ausführender Funktionen, umso geringer ist der Dispositionsspielraum und damit
die individuelle Gestaltungschance einer Organisations- oder
Arbeitsrolle und umgekehrt. Auch besteht in komplexen Arbeitsorganisationen der Wirtschaft wie der öffentlichen Verwaltung
weiterhin die Tendenz, Arbeitsaufgaben zu spezialisieren,
Aufgabeninhalte zu begrenzen und/oder den Anteil ausführender
Funktionen zu vergrößern, soweit dies die verfügbaren Technologien, die Beschaffungs- und Absatzmärkte, das Reservoir an
Organisationspersonal und die Orientierungen der Organisationsmitglieder erlauben. Damit sind bereits die Werte und ihre
Bedeutung für die Gestaltung von Organisationen angesprochen.

4.2.2. <u>Werte und Normen</u>

Die <u>Sozialstruktur</u> von Organisationen wird entscheidend geprägt von

> den in der Gesellschaft, welcher die Organisationen
> angehören, allgemein anerkannten oder vorherrschenden
> <u>Wertvorstellungen</u>: Grundwerten sowie umfassenderen
> Wertideen oder sozialmoralischen Leitvorstellungen,

den <u>Rechtsnormen</u>, die für jene Handlungsfelder
gelten, auf denen eine Organisation tätig wird oder
mit denen sie in Berührung kommt,

den <u>Werthaltungen</u>, welche die Organisationspolitik
bestimmen, d.h. jenen der Organisationsträger und
der Organisationseliten sowie einflußreicher Repräsentanten des Organisationspersonals,

den <u>Wertorientierungen</u> der verschiedenen Interessengruppen innerhalb einer Organisation, die den Werthaltungen entsprechen oder widerstreiten können.

Als sozialmoralische Leitideen setzen Werte abstrakt Maßstäbe für 'richtiges' oder 'rechtes' Handeln. Sie bilden die
Grundlage jener Normen, welche die Organisation als strategisches Interventionsfeld intentional handelnder Individuen
von außen wie von innen steuern und regeln. Sie finden ihren
Niederschlag in den Handlungsorientierungen des Organisationspersonals. Sie gehen ein in die Rollenerwartungen, die mit
den verschiedenen Positionen in der Organisation verknüpft
sind. Sie beeinflussen das Verhalten in den formellen wie in
den informellen Gruppierungen der Organisationsangehörigen.
Sie dienen auch der Legitimation des Autoritätssystems der
jeweiligen Organisation.

Sie beeinflussen aber auch die Organisationsziele und deren
Umsetzung in Organisationsprogramme. Sie dienen ferner der
Legitimation der Organisationsziele wie des Organisationshandelns und werden mit eingesetzt zur Rekrutierung, Sozialisation und Motivation der Organisationsmitglieder.

Für unsere Gesellschaftsordnung ist die Dominanz des ökonomischen Sektors charakteristisch. Auch wird bei uns den
wirtschaftlichen Werten besonders große Bedeutung zugemessen.
Dies hat zur Folge, daß bei der Entwicklung von Organisationsprogrammen, bei der Aufstellung von Organisationsvorschriften sowie bei der Entscheidung über Organisationstechnologien und über Personalstrukturen nicht nur in Arbeits-

organisationen wirtschaftlichen Typs ökonomische Rationalität oft vor technischer und diese wiederum vor sozialer Rationalität rangiert. Dies bedeutet, daß bei der Gestaltung
von Zweck-Mittel-Beziehungen sowie bei der Wahl zwischen
alternativen Gestaltungs- und Entscheidungsmöglichkeiten in
der Regel jenen Lösungen der Vorzug gegeben wird, die orientiert nach ökonomischen Maßstäben und unter Zugrundelegung
wirtschaftlicher Werte ein günstigeres Verhältnis von Kosten
und Nutzen ergeben. Orientierungen nach technischen Kategorien haben nur dann eine Realisierungschance, wenn sie auch
ökonomisch rational zu verwirklichen sind. Das gleiche gilt
für Lösungen, die orientiert nach sozialen Kategorien und
unter Berücksichtigung humaner Werte günstigere Möglichkeiten eröffnen. Auch diese haben in der Regel nur dann eine
Durchsetzungschance, wenn sie zugleich als ökonomisch rational akzeptiert werden.

Legt man die von Max WEBER (1956, S. 17f.) in den soziologischen Grundbegriffen entwickelten Kategorien sozialen Handelns zugrunde, so läßt sich sagen, daß bei der Gestaltung
von Organisationen durchweg zweckrationalem Handeln der Vorzug gegeben wird vor wertrationalem und diesem wiederum vor
traditionalem oder gar affektuellem.

Zweckrational im Weberschen Sinne handelt (a.a.O. S. 18),
"wer sein Handeln nach Zweck, Mitteln und Nebenfolgen orientiert und dabei sowohl die Mittel gegen die Zwecke, wie die
Zwecke gegen die Nebenfolgen, wie endlich auch die verschiedenen möglichen Zwecke gegeneinander rational abwägt: also
jedenfalls weder affektuell (und insbesondere nicht emotional),
noch traditional handelt."

Demgegenüber handelt wertrational (a.a.O., S. 18),
"wer ohne Rücksicht auf die vorauszusehenden Folgen handelt
im Dienst seiner Überzeugung von dem, was Pflicht, Würde,
Schönheit, religiöse Weisung, Pietät oder die Wichtigkeit
einer 'Sache' gleichviel welcher Art ihm zu gebieten
scheinen."

Traditionales Handeln wiederum beruht auf der eingelebten
Gewohnheit und affektuelles auf aktuellen Affekten und Ge-
fühlslagen.

Daß vielfach unpersönliche, von bestimmten Personen, ihren
Eigenarten und Qualifikationen absehende Lösungen organisationsspezifischer Arbeitsteilung und Programmgestaltung
bevorzugt werden, ist eine weitere Folge der Dominanz ökonomisch geprägter Rationalität und zweckrationalen Handelns.

Anders gestalten sich indes die unmittelbaren Interaktionsbeziehungen der Organisationsangehörigen untereinander, jedoch auch hier meist nur gegenüber Gleichgestellten und Bekannten und in der Regel nicht gegenüber den Kunden, den
Klienten oder dem Publikum: Hier dominieren, zumal im unmittelbaren Interaktionsbereich, häufig traditionale, affek-
tuelle und wertrationale Orientierungen und Handlungsmuster;
es wird sozialer Rationalität der Vorzug gegeben vor technischer und ökonomischer.

4.2.3. Autorität und Herrschaft

Die Organisationsleitung und das von dieser bestimmte und
sie einschließende hierarchische Herrschaftssystem der Organisation dienen der Gewährleistung relativ dauerhafter, auf die
Verwirklichung der Organisationsziele ausgerichteter und den
organisationspolitischen Zielsetzungen entsprechender Kooperation. (s.S. 30 f.). Experten, die mit wissenschaftlichen
und planenden Funktionen betraut sind, sowie die planenden,
informationsbeschaffenden und -auswertenden Stäbe lassen
sich schwer in eine solche Hierarchie einordnen. Das gleiche
gilt für die gesetzlich vorgeschriebenen, vertraglich verein-
barten oder in Organisationsstatuten benannten Repräsentanten
des Organisationspersonals, denen Mitwirkungs- und Mitbe-

stimmungsrecht zukommen. Dies liegt darin begründet, daß die
Quellen ihrer Autorität andere sind als diejenigen der unmittelbaren Leitungspersonen und daß ihnen im allgemeinen kein
unmittelbares Weisungsrecht zusteht.

In den Beispielorganisationen Arbeitsamt, Autohaus und Berufsschule wurde dieser Schwierigkeit durch entsprechende organisatorische Vorkehrungen und Organisationsvorschriften
Rechnung getragen. So wurde in der Hauptstelle der Bundesanstalt für Arbeit das Institut für Arbeitsmarkt- und Berufs-
forschung, eine wissenschaftliche Einrichtung besonderer
Art ,   als eigene Abteilung ausgegliedert. Im Falle des
Autohauses wurden entsprechende Regelungen vereinbart (s.
Anhang S.204).

Offen ist bislang die Frage nach den Quellen der Autorität
geblieben. Sie sei abschließend noch behandelt:

    Autorität einer Person kann beruhen auf der Position,
    die sie innehat (oder dem Amt, das jemand besitzt).
    Wir sprechen dann von Amtsautorität oder <u>positionaler</u>
    <u>Autorität</u>.

    Autorität kann aber auch beruhen auf besonderen per-
    sönlichen Eigenschaften und Qualitäten, die jemanden
    auszeichnen. Wir sprechen dann von charismatischer
    oder <u>personaler Autorität</u>.

    Autorität kann aber auch beruhen auf der zuerkannten
    oder der erwiesenen Sachverständigkeit und Kompetenz,
    die jemandem zukommt. Wir sprechen dann von Fachautori-
    tät oder <u>funktionaler Autorität</u>.

Während die positionale Autorität ihre Legitimation aus den
Organisationsvorschriften bezieht, z.B. im Autohaus, im Arbeitsamt und in der Berufsschule durch die oberste Leitungsinstanz, und deswegen in ihrer Wirkung primär gebunden ist
an die freiwillige oder erzwungene Anerkennung der Autorität
durch die jeweils der Autorität unterworfenen und an diese
gebundenen Personen, ist dies bei den übrigen beiden Arten
anders. In beiden Fällen liegen die Quellen der Autorität

nicht in der Position und in der Organisationsleitung, sondern durchweg in den der Autorität unterworfenen Personen oder Gruppen, was dieser Autorität eine andere Qualität verleiht. Beide Arten sind deswegen auch nicht an die Billigung durch die oder an die Delegation von Leitungsinstanzen gebunden. Sie können sich sogar quer dazu oder diesen widerstreitend entwickeln, wie dies z.B. nicht gerade selten bei vielen Formen der Einflußausübung in informellen Gruppen geschieht. [5+)]

4.2.4. Statusgruppen

Kennzeichnend für viele Organisationen und für fast alle Arbeitsorganisationen ist die Tatsache, daß zwischen der Position und der Autoritätsstruktur ein vergleichsweise enger Zusammenhang besteht; ein solcher besteht ferner zwischen den arbeitsteilig zugewiesenen Organisationsrollen und ihrem spezifischen Inhalt und dem Ort in der Autoritätsstruktur oder im organisatorischen Herrschaftssystem. Ein ähnlicher, wenngleich nicht zu enger Zusammenhang ist häufig auch in Bezug auf den sozialen Status gegeben, der einem Organisationsmitglied in der Organisation zukommt oder zugeschrieben wird.

Der soziale Status, verstanden hier als die Wertschätzung, die jemand erfährt, der Einfluß, den jemand besitzt, das Einkommen, das jemand bezieht, und der Lebensstil, den jemand führt, - dieser soziale Status beruht auf den sozialen Bewertungen durch die innerhalb einer Organisation interagierenden Personen. Er ist nicht unmittelbar abhängig von der Position in der Organisation, wird aber von ihr oft entscheidend geprägt. Dies gilt insbesondere für große und komplexe Arbeitsorganisationen, zumal dann, wenn Statussymbole im Rahmen des organisatorischen Satisfaktionssystems eine große Rolle spielen und sie mit der Position in der Organisation verbunden sind: Größe, Lage und Ausstattung des Arbeitsplatzes

und des Dienstraumes, Dienstkleidung und Kleidungsdifferen-
zierung, Einbindung in die organisatorischen Kontrollsysteme
(Tor-, Tür-, Anwensenheitskontrollen), Zurverfügungstellung
persönlicher Dienste etc. Denn hier bestimmt die Position
nicht nur die Einkommens- und Einflußchancen, die Verfügbar-
keit der Organisationsrollen zur persönlichen Interpretation,
die Dispositionsspielräume und die Karrierechancen, sondern
beeinflußt die Position auch die Interaktionsbeziehungen innerhalb wie außerhalb einer Organisation.

4.2.5. Formalität von Organisationen

Neben den formalen Elementen und Komponenten, die für eine
Organisation charakteristisch sind und die zum Ausdruck kommen in den Programmen, den Vorschriften sowie in den Strukturen, prägen auch solche Elemente und Komponenten die Sozialstruktur einer Organisation mit, die nicht in gleicher
Weise wie Programme und Vorschriften formalisiert, d.h.
schriftlich fixiert sind. Hierbei haben wir es mit solchen
Rollendefinitionen, Handlungsmustern und Verhaltenserwartungen sowie sozialen Beziehungen zu tun, die aus der Interaktion
mit Kollegen erwachsen, die auf sozialen Wahlmechanismen und
Präferenzen oder individuellem Verhalten beruhen und die sich
durch ein hohes Maß an Spontaneität, Flexibilität und Emo-
tionalität auszeichnen. Sie sind meist nicht durch formalisierte Normen bestimmt. Auch kann ihr Bezug zur Organisationsposition und zu den eher formalen Elementen der Organisationsrollen sehr unterschiedlich und dazu noch variabel sein: Sie
können sowohl von unmittelbarem wie mittelbarem wie auch ohne
jeden Bezug zur Position sein. Sie sind kennzeichnend für die
sogenannten informellen Gruppen (nicht durch die formale Organisationsstruktur definierte Gruppierungen der Organisationsangehörigen) und für die informellen Beziehungen (nicht
aus den formalen Organisationsvorschriften resultierenden

und durch diese gedeckten Beziehungen zwischen Organisationsangehörigen). Sie allein reichen jedoch nicht aus zur Erklärung solcher Gruppenbeziehungen. [6+)]

4.2.6. Integration und Konflikt

"Organisationen können nicht einseitig als integrierte und
hinsichtlich der Interessen und Erwartungen ihrer Mitglieder
homogene Gebilde aufgefaßt werden - ausgedrückt durch Termini
wie 'Betriebsgemeinschaft' oder 'Betriebsfamilie' oder reali-
siert durch Maßnahmen der Organisationsleitung, die einseitig auf reibungslose Kooperation oder ein störungsfreies
'Betriebsklima' hinwirken sollen. Vielmehr erscheinen Organisationen als eine Zusammenfassung miteinander konfligieren-
der und konkurrierender Einzelpersonen, Gruppen und Gruppierungen" (BÜSCHGES/LÜTKE-BORNEFELD, 1977, S.101).

Mit diesen Sätzen leitet LÜTKE-BORNEFELD die Erörterung von
'Konflikt in Organisationen' ein. Seine Feststellungen gelten in besonderem Maße für Arbeitsorganisationen, zumal solchen des wirtschaftlichen Typs. Als herrschaftlich verfaßte,
von den Zielen der Unternehmensleitung in erster Linie bestimmte, auf die Verwirklichung ökonomischer Betriebszwecke
verpflichtete, Kooperation eher durch ökonomische und soziale
Zwänge und Austauschbeziehungen als durch Internalisierung
entsprechender Werte, Orientierungen und Normen sichernde,
auf ökonomisch geprägte Rationalität und technische Effizienz
hin ausgerichtete Arbeitsorganisationen sind für sie konfli-
gierende Prozesse mannigfacher Art kennzeichnend. Sie sind
eher die Regel als die Ausnahme.

Die Konflikte resultieren hier teilweise aus den besonderen
strukturellen Bedingungen, die wir in den vorherrschenden
Abschnitten erörterten. Sie treten auf als manifeste Konflikte, die von organisierten Gruppen ausgetragen werden und
auf grundlegenden Widersprüchen in den Interessen basieren.
Dies ist z.B. bei Arbeits- und Lohnkonflikten durchweg der

Fall. Konflikte dieser Art können aber auch als latente Konflikte lange Zeit verdeckt bleiben und nur bei bestimmten Konfliktlagen manifest werden oder als umgelenkte Konflikte in individuellen Verhaltensweisen ihren Ausdruck finden, die nicht direkt mit den auslösenden strukturellen Faktoren verbunden sind.

Hinzu kommen Konflikte mannigfacher Art, die aus eher individuellen Faktoren herrühren oder die als informelle Konflikte von informellen Gruppierungen der verschiedensten Art ausgehen. Eine besondere Bedeutung haben Intra- und Inter-Rollenkonflikte, die aus den abweichenden oder widersprüchlichen Verhaltenserwartungen der Interaktionspartner resultieren.

Anmerkungen zu Kapitel 4:

1+) Wer sich ausführlicher mit der Bedeutung und der Problematik von Organisationszielen und ihrer Erfassung beschäftigen will, sei hingewiesen auf die Ausführungen von ZIEGLER (1977, S.36-46) und HEGNER (1976, S.235-242).

2) Dieses Beispiel gibt einen Hinweis darauf, unter den vorgeschlagenen Merkmalsklassen zur Dimension Organisationsziele (s.Kap. 3.6.1) auch solche vorzusehen, die eine Differenzierung nach dem Grad der Abstraktion oder, vielleicht besser, nach dem Maß der Konkretheit der formulierten Ziele erlauben. Es zeigt sich ferner, daß die Anwendung des Klassifikationsschemas auf konkrete Organisationen eine Entscheidungsregel erfordert, mit der bei mehreren Zielen eine hinreichend brauchbare Zuordnung zu den Merkmalsklassen erfolgen kann.

3+) Probleme des Zielwandels erörtert GABRIEL (1976, S.311-314) unter dem Thema 'Wandel der Organisationsprogramme'. Eine klassische Analyse des Wandels von Organisationszielen stellt die Arbeit von Robert MICHELS dar (1976, S.86-117).

4+) Wer sich für die mit der Partizipation der Organisationsmitglieder an den Zielsetzungsprozessen verbundene soziologische Problematik interessiert, sei hingewiesen auf
die Untersuchung des Zusammenhanges von 'Amtsautorität,
Sachautorität und demokratischer Kontrolle' durch Wolfgang
SCHLUCHTER (1976, S.273-300).

5+) Wer sich vertiefend mit dieser Thematik beschäftigen will,
sei hingewiesen auf WEBER (1976, S. 59-69), DAHRENDORF
(1976, S.118-126), SCHLUCHTER (1976, S.273-300),
BÖSCHGES/LÜTKE-BORNEFELD (1977, S.91-101).

6+) Zu dem Verhältnis von formaler und informaler Organisation enthält die Arbeit von LUHMANN (1976, S. 201-225)
interessante Ausführungen.

5. Organisation und Gesellschaft

5.1. Organisationen als Rollensysteme

Organisationen sind soziale Gebilde besonderer Art. Sie zeichnen sich aus durch eine spezifische Zielsetzung und Zweckbestimmung. Sie sind mit einer Leitungsinstanz ausgestattet und besitzen eine hierarchische Gliederung. Für sie ist eine arbeitsteilige Differenzierung von Positionen charakteristisch, welche die einzelnen Organisationsangehörigen innehaben, und von Rollen, die den einzelnen Positionen zugeordnet sind. Wegen dieser Eigenarten haben wir es bei Organisationen mit Phänomenen unserer geschichtlich-gesellschaftlichen Wirklichkeit zu tun, für welche die Kategorie Rolle als theoretisches Instrument der Analyse unverzichtbar ist. Es ist eines der wesentlichen Merkmale von Organisationen, daß die Personen, die der Organisation angehören, in erster Linie Inhaber von Positionen in einem arbeitsteiligen System sind und als solche durch Rollen miteinander verknüpft sind. Diesem Umstande wurde bei der dimensionalen Analyse zur Klassifikation von Organisationen durch den Vorschlag Rechnung getragen, die Dimension 'Organisationsstruktur' im Hinblick darauf weiter zu untergliedern,

> in welcher spezifischen Weise in der Organisation
> die aus den Programmen in Verbindung mit den Vor-
> schriften und unter Berücksichtigung der Mitglieder
> wie der Organisationstechnologie entstandenen Posi-
> tionen nebst den zu ihnen gehörenden Rollen gegen-
> einander abgegrenzt, aufeinander bezogen und mitein-
> ander verknüpft werden.

Die Organisationsmitglieder sind im Rahmen einer soziologischen Analyse, die den Blick auf die Verknüpfung einzelner Personen mit einer Organisation wirft und nach den spezifischen Mechanismen der Verknüpfung sucht, zunächst und vor allem Träger von Organisationsrollen (vgl. Kap. 3.5). Die

Organisation erscheint in dieser Perspektive als ein funktio-
nales System, dessen Elemente individuelle Akteure als Träger
von Rollen und miteinander verbunden durch Rollen sind (S. 76f).
Allerdings können diese Rollen nicht "als Gebrauchsanweisungen
betrachtet werden, die in einer unmittelbar verständlichen
Form abgefaßt sind" (BOUDON, 1980, S.81) und die jedermann
eindeutig und en detail sagen, was er zu tun und was er zu
lassen hat. In der Regel sind die den Organisationsangehörigen
vorgegebenen Rollen nicht so eindeutig definiert,

"daß das Verhalten der Rolleninhaber oder - wie es in der
soziologischen Fachsprache häufiger heißt - der sozialen Akteure daraus unmittelbar abgeleitet werden könnte" (BOUDON,
1980, S. 78).

Wäre dies anders,

"dann würde der ein Rollensystem analysierende Soziologe die
gleiche Tätigkeit ausüben wie ein Rechtshistoriker. Er würde
sich darauf beschränken, die (geschriebenen oder nicht-ge-
schriebenen, expliziten oder impliziten) Normen aufzufinden,
die von den sozialen Akteuren bei der Ausübung ihrer Rolle
beobachtet werden. In Wahrheit hat die Tätigkeit des Soziologen nicht sehr viel mit der des Rechtshistorikers gemein"
(a.a.O.).

Folgt man BOUDON's (1980) Analyse funktionaler Systeme, so kommen Organisationsprogramme wie auch Organisationsvorschriften
in der Gesamtheit jener Normen zum Ausdruck, welche die Rollen der einzelnen Organisationsangehörigen definieren und die
von ihnen als Positionsinhaber und Rollenträger offensicht-
lich akzeptiert, hingenommen oder befolgt werden. Die das Organisationshandeln definierenden Normen sind nach dieser Vorstellung nicht anzusehen als nur begrenzende oder überhaupt
keine Selbständigkeit zulassende und mit Sanktionen verbundene Zwänge. Sie sind vielmehr, wie noch zu zeigen sein wird,
immer - teils mehr, teils weniger - der Interpretation durch
die jeweiligen Positionsinhaber zugänglich und zugleich bedürftig. Damit werden sie zu einem strategischen Feld für
das Organisationspersonal. Sie ermöglichen dem einzelnen
Organisationsangehörigen, in den zahlreichen Wahl-, Entschei-

dungs- und Handlungssituationen, die den Organisationsalltag
ausmachen, nicht nur den jeweiligen Rollenvorschriften und
daraus abgeleiteten Handlungsvorgaben zu folgen, sondern zugleich auch seine privaten Interessen und Zielsetzungen ins
Spiel zu bringen und diesen zu dienen, - soweit und insofern
dies der gesamte institutionelle Rahmen und die anderen Organisationsangehörigen als Akteure im gleichen Spiel zulassen.

Die hier skizzierte Sichtweise teilt auch LÜTKE-BORNEFELD
(BÜSCHGES / LÜTKE-BORNEFELD, 1977, S. 56 f.), wenn er konstatiert:

"Im organisatorischen Kontext geht das Rollenkonzept davon
aus, daß in Organisationen in der Folge ihres Größenwachstums,
der Vervielfältigung der Organisationsaufgaben und der stetigen Funktionsdifferenzierung Einzelaufgaben arbeitsteilig
einzelnen Personen in Form von Stellen oder Arbeitsplätzen
zugewiesen werden. Im Gegensatz zum betriebswirtschaftlich
orientierten Stellenkonzept thematisiert die Kategorie Rolle
jedoch nicht nur die Zuweisung einer spezifischen Aufgabe mit
den entsprechenden Handlungsanweisungen, sondern aktualisiert
auch gegebene individuelle Fähigkeiten und Neigungen des jeweiligen Stelleninhabers und zufällige soziale Konfigurationen. Diese häufig als Arbeitsrolle bezeichneten Anforderungs-
und Handlungsmuster in Organisationen sind deutlich zu trennen von Konzepten der Berufsrolle, die unabhängig vom jeweiligen organisatorischen Kontext der Berufsausübung Hand-
lungs- und Bewertungsmuster beschreiben, die an spezifischen
Problemlösungen, entsprechenden Ausbildungswegen und Vermittlung von Kenntnissen und Techniken zur Problemlösung sowie
einheitlichen Wertvorstellungen über den Einsatz und die Ver-
wertung dieser Kenntnisse orientiert sind. Vielmehr meint Arbeitsrolle die Gesamtheit aller mit einer Tätigkeitsausübung
in Organisationen verbundenen Anforderungen, Bewertungen und
Satisfaktionen." 1)

Der von LUHMANN (1976, S. 211-225) vorgenommenen und von vielen Organisationswissenschaftlern übernommenen Unterscheidung von Mitgliedsrolle und Arbeitsrolle wird hier nicht gefolgt. Für LUHMANN macht diese Unterscheidung deswegen einen
Sinn, weil er im Rahmen seines theoretischen Zugriffs die
Organisationsangehörigen nicht als Elemente der 'Organisation
als soziales System' begreift, sondern als 'interne Umwelt

des Systems'. Da hier in den Personen, die als individuelle
Akteure einer Organisation angehören, die Elemente des 'Interaktionssystems Organisation' gesehen werden, macht diese Unterscheidung keinen Sinn. Angesichts der permanent zu lösen-
den Integration und Motivation des Organisationspersonals
dürfte folgende, von LUHMANN formulierte Position (1976,
S. 213f.) kaum haltbar sein:

"Formale Organisationen erweisen sich damit als soziale Ordnungen, die nicht nur von der Wissenschaft, sondern auch von
ihren Mitgliedern im täglichen Leben als System erlebt und behandelt werden. ...

Die Artikulation der Eintrittsentscheidung hat eine bedeutsame Folge: die heterogenen und vielfältigen Motive des Ein-
tritts werden durch ein immer gleiches Mitgliedschaftsbekennt-
nis neutralisiert. Der Meinungsdruck löst sich von speziellen Motiven ab. Das Mitglied läßt beim Eintritt seine individuellen Gründe hinter sich zurück. Wie buntscheckig die Motive auch sein mögen, die Mitglieder zusammenführen, ihre
Unterschiede können im großen und ganzen vernachlässigt werden. Man kann im System mit einer homogenisierten Mitglied-
schaftsmotivation rechnen.

Damit tritt eine wichtige Entscheidung in Kraft: Die Mitglieder stellen sich auf den Unterschied von 'persönlich' und
'dienstlich' ein; sie lernen die Situation und die Verhaltenserwartungen, die ihr Mitgliedschaftsverhältnis und damit sie
als Person angehen, zu trennen von den systeminternen Beziehungen ihres Verhaltens. Die Mitgliedsrolle selbst steht auf
der Kippe. Sie hat ein Doppelgesicht, trennt und verbindet
beide Rollenbereiche. Darauf beruht ihre Funktion. Durch Ober-
nahme einer Mitgliedsrolle erklärt sich eine Person bereit,
in bestimmten Grenzen Systemerwartungen zu erfüllen. Das
System kann dann mit dieser Bereitschaft rechnen, ohne sie
von Fall zu Fall ermitteln und motivieren zu müssen. Es kann
deshalb die Abwicklung systeminterner Handlungszusammenhänge
an rein sachlichen Gesichtspunkten ausrichten und die Handlungsbereitschaft unterstellen, ohne die persönlichen Gründe
für die Rollenübernahme jeweils erneut prüfen zu müssen. ...

Die Mitgliedschaftsrolle stellt mithin für die laufenden Ge-
schäfte eine Trennung des sozialen und des persönlichen Aktionssystems sicher, ermöglicht aber gleichwohl in kritischen
Fällen, daß Ereignisse des einen Bereichs im anderen Konsequenzen haben, nämlich zur Auflösung oder Modifikation der
Mitgliedschaft führen."

Vor einer solchen wissenschaftlichen Perspektive und deren
praktischen Konsequenzen hat Josef PIEPER in den 1933 zuerst
erschienenen 'Grundformen sozialer Spielregeln' gewarnt:

"Die Absolutsetzung einer Sonderform der Gesellung - sei es
Gemeinschaft oder Gesellschaft oder Organisation - widerstrei-
tet der wesentlichen Wirklichkeit des Menschen. Eine solche
seinswidrige Absolutsetzung wäre nicht nur theoretisch
falsch; sie muß auch praktisch zu unfruchtbaren, ja zerstö-
rerischen Zielsetzungen und Oppositionen führen. Unechte
Ideale - das heißt: Ideale, die dem Wesen der wirklichen Dinge
nicht gemäß sind - bedeuten ja nicht nur, daß man etwas Fal-
sches zu verwirklichen unternimmt, sondern auch, daß man einen
falschen Maßstab gelten läßt für die Beurteilung des Tatsächlichen" (S. 77).

"Das Kennwort der Organisationsideologie lautet 'totale Planung'; in ihrer Extremform möchte sie alles mitmenschliche
Leben nach dem Muster der Organisation, also des Heeres oder
des kapitalistisch durchrationalisierten Betriebes aufziehen.
Die extremste Verwirklichung dieses Fehlideals wäre die 'totale'
Arbeitswelt: Alle Formen und Gebilde menschlichen Zusammen-
lebens sollen verstanden werden und gestaltet werden als Funktionen des rational gesetzten, allbestimmenden Staatszweckes"
(S. 79).

"Es wird wichtig sein, einerseits die organisatorische Gesel-
lungsweise, mitsamt den ihr mehr oder weniger eigentümlichen
Merkmalen der 'kalten Sachlichkeit', der Bindung und der Rang-
ordnung, als eine echte menschliche Möglichkeit zu begreifen;
andererseits aber, im Angesicht des sich ankündigenden Zeit-
alters übergreifender Planungen, die natürlichen Widerstände
und Dämme gegen die Gefahr einer Absolutsetzung des Organisatorischen bewußt und tatkräftig zu verstärken und zu kultivie-
ren" (S.82).

Zur weiteren Kennzeichnung der hier vertretenen Positionen
gilt es, zunächst folgende Punkte zu erörtern:

   Die Definition von Organisationsrollen;

   die Spielräume und Widersprüche in Rollensystemen,
   die aus der Varianz, der Ambivalenz, der Segmentierung
   und der Interferenz von Organisationsrollen resultieren;

   die zum Teil paradoxen Effekte individueller
   Rationalität.

5.1.1. Definition von Organisationsrollen

Die Definition von Organisationsrollen ist Ergebnis eines
interaktiven Prozesses (BOSCHGES / LUTKE-BORNEFELD, 1977,
S. 61):

"ein dynamischer Vorgang, in dessen Gefolge die generellen
und die spezifischen, die formellen und die informellen Erwartungen je nach den implementativen Bedingungen der Organisation (Medien und Individuen), den Durchsetzungsfähig-
keiten des jeweiligen Bewerbers und der Veränderbarkeit der
jeweiligen Arbeitsaufgabe modifiziert werden."

Analytisch läßt sich dieser vielschichtige und wechselseitige
Prozeß betrachten als die Vermittlung

> der Definition der Organisationsrolle aus der Sicht
> der Organisationsleitung und ihrer Repräsentanten
> oder Agenten sowie des Organisationspersonals,

> der Eigendefinition der Organisationsrolle durch
> die jeweilige Person als individuellen Akteur mit
> eigenen Zielen und Interessen sowie

> der Definition der Organisationsrolle durch Agenten,
> Repräsentanten oder Akteure der einzelnen Umwelt-
> sektoren der Organisation (Kunden, Klienten, Publi-
> kum, Lieferanten, Abnehmer, Organisationsträger etc.),
> mit denen der Positionsinhaber kraft seiner Auf-
> gaben zu interagieren hat.

Diesen Zusammenhang bringt das folgende von LÜTKE-BORNEFELD
entworfene Modell zum Ausdruck. [2]

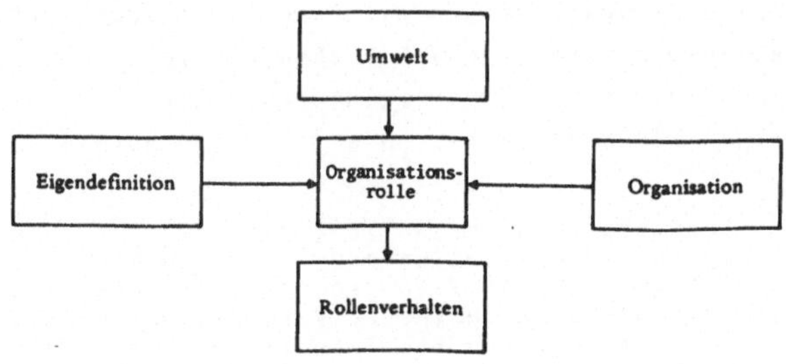

Abb. 1: Modell der Rollendefinition und Übernahme (2)

Die Organisationsrolle als Resultat der genannten Rollendefinitionen kommt empirisch faßbar zum Ausdruck im <u>Rollen-
verhalten</u>. Dies aber ist nicht nur bedingt durch relevante
Normen der Organisationsrolle, sondern auch durch die jeweilige konkrete Situation, in der eine Person handelt (s. Kap.
6.2.2).

Auf unsere Beispielorganisation Arbeitsamt bezogen folgt aus
diesem Modell: Das Verhalten des Berufsberaters in der Be-
ratungsinteraktion mit einem Ratsuchenden ist z.T. bestimmt
durch die Organisationsrolle des Berufsberaters. Diese wiederum ist komplexes Resultat der Rollendefinition durch das
Arbeitsamt und seine Repräsentanten (Organisationsprogramme,
Organisationsvorschriften, Abschnittsleiter, Abteilungsleiter, Direktor, Kollegen, Berufsberater etc.), durch die
handlungsrelevanten Sektoren der Umwelt des Arbeitsamtes
(Schulen und deren Agenten, Arbeitgeber und Arbeitgeberorga-
nisationen und deren Agenten, Arbeitnehmerorganisationen und
deren Agenten, Eltern, Ratsuchende, Berufsverband der Berufsberater etc.) und durch die Eigendefinition der einzelnen Berufsberater, die insbesondere von ihren Zielen und Interessen,
aber auch von ihren Interpretationen der Organisationsziele
und ihren Vorstellungen von den zu erbringenden Organisationsleistungen geprägt wird.

Hinsichtlich der Eigendefinition der Organisationsrolle durch
den Organisationsangehörigen gilt angesichts der in Arbeitsorganisationen generell zu verzeichnenden Tendenz, die individuellen Handlungsspielräume im Interesse der Handlungskontrol-
le möglichst klein zu halten, u.a., daß ihr Ausmaß abhängig
ist von

> der 'Verfügbarkeit der Rolle', d.h. der aufgrund der
> vorliegenden Organisationsprogramme und geltenden
> Organisationsvorschriften gegebenen Spielräume und
> Gestaltungschancen sowie der Varianz, der Ambivalenz,
> der Segmentierung und der Interferenz mit anderen Rollen,

der organisationsspezifischen Sozialisation
sowie

der Kontrolle des Rollenverhaltens durch die Organisationsleitung und die Organisationsangehörigen, aber
auch durch die relevanten Agenten der Umweltsektoren.

LÜTKE-BORNEFELD hat "nach den Befunden einer Organisationsanalyse in einem Kreditinstitut" ein auf diese Organisation

bezogenes "Modell der Rollendefinition und Vermittlung" kon-

struiert, das jene Dimensionen und Aspekte skizziert, die

hier von Bedeutung waren. Er weist nachdrücklich darauf

hin, daß es sich auch hier um ein analytisches Modell aus

rollentheoretischer Sicht und nicht um eine Beschreibung

aktueller Abläufe handelt (BÜSCHGES / LÜTKE-BORNEFELD, 1977,

S.63f.).

Dieses Modell (Abbildung s. folgende Seite) kommentiert

LÜTKE-BORNEFELD (a.a.O.) wie folgt:

"Die Definition der Mitgliedsrolle durch die Organisation erfolgt durch Institutionen, die unter dem Aspekt der formalen
Organisation, und durch Institutionen, die unter dem Aspekt
der informalen Organisation erfaßt werden können. Während
sich die Definition unter formalem Aspekt vorrangig auf die
Bestimmung der (im Hinblick auf Zielrealisation) funktiona-
len Verhaltensweisen bezieht, richten sich die Erwartungen
unter informellem Aspekt an die extrafunktionalen Fähigkeiten
des Mitglieds.

Die unter formalem Organisationsaspekt definierten Rollenseg-
mente beziehen sich auf die Formalisierung der Rolle (Stellung in der formalen Organisation) und auf funktionale Erfordernisse, die sich darstellen als Anforderungen des Arbeitsplatzes und des richtigen Positionsinhabers, die diese Norm
bestimmen und dem Mitglied vermitteln, lassen sich in einer
Bank nach Gesamtbank, Niederlassungen und Zweigstellen differenzieren. ...

Die Definition und deren Vermittlung erfolgt durch die beiden
Instrumente Agenten und Medien, die in innerbetrieblichen
Institutionen eingesetzt werden. Hier ist in der untersuchten
Bank auffällig, daß im formalen Bereich die Medienvermittlung
... gegenüber der Vermittlung durch Agenten überwiegt. ...

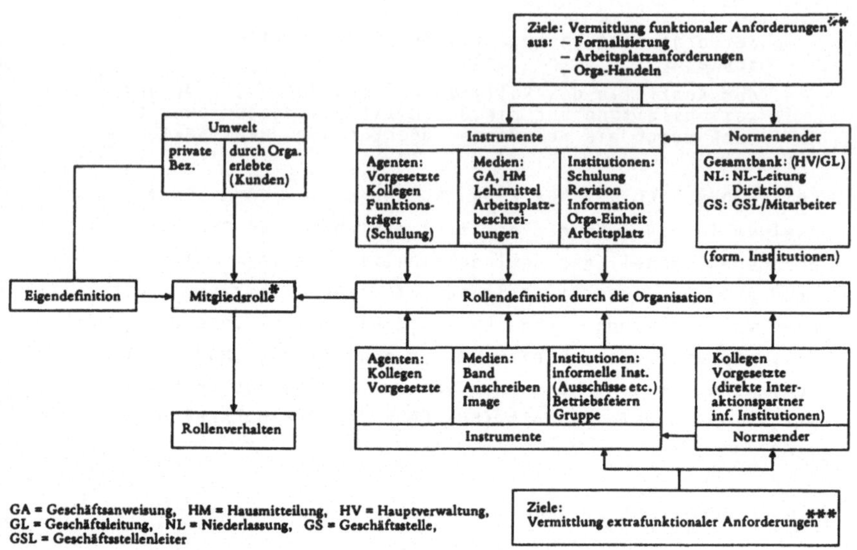

GA = Geschäftsanweisung, HM = Hausmitteilung, HV = Hauptverwaltung,
GL = Geschäftsleitung, NL = Niederlassung, GS = Geschäftsstelle,
GSL = Geschäftsstellenleiter

* Mitgliedsrolle: hier zu interpretieren als
'Organisationsrolle'.

** Funktionale Anforderungen = spezifische, aus der
arbeitsteiligen Differenzierung resultierende, am
Organisationsprogramm ausgerichtete Normen.

*** Extrafunktionale Anforderungen = aus den sozialen
Interaktionen resultierende, an den Werten und
Normen sowie den Autoritätsstrukturen ausgerichtete
Normen allgemeiner Art. (2)

Abb. 2: Modell der Rollendefinition

Die unter dem informalen Aspekt definierten Verhaltenserwartungen beziehen sich auf die extrafunktionalen Fähigkeiten des Mitgliedes, worunter seine Fähigkeit zur Teilnahme an Gruppenprozessen, zur Beziehung zu Kollegen und Vorgesetzten und zur Übernahme nicht formal definierter Aufgaben mit funktionalem Bezug innerhalb der Organisation zu verstehen ist. ...(Hier) ist auffällig, daß bei den Normsendern konkrete Interaktionspartner überwiegen, die den Mitarbeitern entweder bekannt sind oder in ihrer Rolle vorstellbar... ."

Die dem vorstehenden Modell zugrundeliegende analytische Unterscheidung von <u>Rollendefinition</u> und <u>Rollenvermittlung</u> läßt sich wegen der Interdependenz von Eigendefinitionen, Definitionen durch Organisation und Definitionen durch Umwelt empirisch nicht fassen. Rollendefinition und Rollenvermittlung vollziehen sich in stetigen, dynamisch miteinander verschränkten Prozessen, die mit dem Eintritt in eine Organisation beginnen. Für die bereits genannte Bank hat LÜTKE-BORNEFELD ein Modell dieser Prozesse konstruiert, das die verschiedenen Prozeßdimensionen und ihre verschiedenen Aspekte nennt. Es gibt einen guten Einblick in die Komplexität des hier angesprochenen Sachverhalts (BÜSCHGES / LÜTKE-BORNEFELD, 1977, S. 66f.):

Prozesse	Auswahl	Information	Sozialisation	Schulung (hier als: Vermittlung von Fähigk. u. Kentn.)	Informelle Anbindung	Kontrolle	Satisfaktion
Mit der Aufgabe befaßte Personen u. Abteilungen	Niederlassungsltg. direkte Vorgesetzte, Personalsachbearbeit., Personalabtlg.	Abtlg. Information, jede skalar oder funktional übergeordnete Position, Kollegen	Vorgesetzte, Kollegen, zentrale Schulungsabtlg., Schulungsleiter, beauftragte Funktionsträger	Vorgesetzte, Kollegen, Schulungsleiter, Schulungsabtlg.	Kollegen, Arbeitsgruppe, Ebene des Unternehmenserlebens	Vorgesetzte, Innenrevision, Zentralrevision, Schulung, Rechenzentrum	Vorgesetzte, Kollegen, Gruppe
Instrumente	Test, Einstellungsgespräch, Zeugnisse, Qualifikationsnachweis, Probezeit	Agenten direkte, indirekte Interaktion, Medien Geschäftsanweisungen, Hausmitteilungen, Betriebszeitschrift, Betriebsratsinformation, Anschreiben, Berichte, Protokolle	Agenten: beauftragte (Vorgesetzte, Schulungsleiter), Kollegen, Medien	Agenten, Schulungsveranstaltung, ständige Schulung, Medien, Schulungsbriefe, Lehrmittel	Interaktion mit Vorgesetzten u. Kollegen, Teilnahme an Ausschüssen etc., Aufgabenerfüllung	EDV Prüfungen (Revisionen), Sanktionen	monetäre, soziale Satisfaktionen
Ziele (von seiten der Organisation)	den funktionalen Anforderungen entsprechende Mitarbeiter zu gewinnen	Übermittlung von Prozessen u. Entscheidungen, von Bestand und Wandel in Aufbau- u. Ablauforganisation	Übermittlung der Erwartungen und Anforderungen an den Mitarbeiter, der jeweiligen Rolle entsprechend	Zielrealisation, Aufgabenerfüllung gemäß Arbeitsplatzanforderungen	Identifizierung mit der Organisation, Aufgabenerfüllung, Motivation, Integration	Einheitlichkeit der Organisation und ihres Aufbaus, Zielrealisation	genügend Mitglieder zu erhalten, um die Existenz u. Effektivität der Organisation zu sichern, Motivation
Bedeutung (für Mitarbeiter)	Zielübereinstimmung, Anforderungsentsprechung	Kenntnis der Interaktionsbedingungen, Orientierung	Identifikation mit der Rolle, Internalisierung der Normen	Ermöglichung der Rollenausübung u. zusätzl. Ich-Leistung·	Erlernen organisationsspez. Verhaltensweisen, Sprache, Anbin- an die Organisation, soziale Anerkennung, Befriedigung	Orientierung	Befriedigung und Orientierung, soziale Sicherung

Abb. 3: Modell: Prozeß der Rollenvermittlung und Identifikation (1)

5.1.2. Spielräume und Widersprüche in Rollensystemen

Organisationen gleichen, um eine von POPPER (1973, S. 230ff.)
in anderem Zusammenhang gebrauchte, aber auch hier recht treffende Metapher zu wiederholen, eher 'Wolken' als 'Uhren',
auch wenn die viel gebrauchte systemtheoretische und kyberne-
tische Begrifflichkeit leicht den Eindruck erwecken kann,
daß das 'Uhren-Bild' Organisationen als zielbestimmte soziale
Systeme adäquater beschreibt als ein 'Wolken-Bild'. Die Erörterung des komplexen Prozesses der Rollendefinition und der
Rollenvermittlung dürfte es plausibel gemacht haben, daß das
'Wolken-Bild' wohl eher geeignet ist, die Organisationswirklichkeit, auch von Arbeitsorganisationen, symbolisch zu repräsentieren. Als Rollensysteme sind Organisationen voller
Widersprüche und Spielräume. Dies gerade macht ein Problem
der Organisationsleitung aus, die tendenziell in allen Organisationen, besonders aber in Arbeitsorganisationen, darauf aus
ist, ihre Rollendefinition im Interesse eines Höchstmaßes an
Kontrolle über das Handeln der Organisationsangehörigen durchzusetzen und die Chance der Eigendefinition durch das Organisationspersonal zu verringern. Gerade hierin liegt ja, um
dies hier anzumerken, die besondere Brisanz und Bedrohung, die
für das Organisationspersonal von der Mikroelektronik und der
elektronischen Datenverarbeitung ausgeht (s. Kap. 5.2.3). Sie
könnten geeignete Instrumente werden, um der jeweiligen Organisationsleitung die fast totale Kontrolle des Organisationshandelns zu ermöglichen und die Möglichkeiten zur Eigendefinition drastisch zu beschränken; allerdings für einen hohen,
vielleicht zu hohen Preis (s. Kap. 5.1.3).

Die Spielräume und die Widersprüche in Rollensystemen, also
auch in Organisationen, sind darin begründet, daß die den sozialen Positionen zugeschriebenen oder mit ihnen verknüpften
Rollen nicht eindeutig und keiner Interpretation bedürftig sind,
sondern durchweg mehr oder minder variieren, ambivalent in den

sie definierenden Normen sind, sich durch <u>segmentäre</u> Eigenschaften auszeichnen können und dazu noch mit anderen Rollen <u>interferieren</u>. Hieraus ergeben sich für die Organisationsangehörigen <u>Handlungs- und Gestaltungschancen</u>, die es zu erkennen gilt. Allerdings sind diese keineswegs immer in allen Organisationen für alle Personen in den verschiedenen Positionen gleich. Sie weisen vielmehr beträchtliche Schwankungsbreiten auf. Ihr Ausmaß ist insbesondere abhängig

> vom Typus der jeweiligen Organisation,

> von der Bedeutung, die die Organisation, die Position und auch die Zugehörigkeit zur Organisation für die einzelnen Personen hat,

> von der Autoritätsstruktur und der hierarchischen Position,

> von den spezifischen Qualifikationen der einzelnen Personen und ihrer Bedeutung für die Organisationsprogramme wie für die Organisationsleistungen sowie

> von der Verfügung über oder dem Zugang zu knappen, aber für die Organisation wichtigen oder von anderen begehrten Ressourcen,

um nur einige Faktoren zu nennen. Dieser Sachverhalt hat zur Folge, daß die Thematik in den folgenden Abschnitten nur exemplarisch erörtert werden kann. Inwieweit die einzelnen Aussagen und Schlußfolgerungen für den konkreten Organisationsalltag handelnder Personen unmittelbar gelten, läßt sich nur im Einzelfall, nicht aber generell entscheiden. Vielleicht aber hilft die hier gegebene Skizze, um den Organisationsalltag entsprechend zu analysieren und daraus dann angemessenere Schlußfolgerungen für das eigene Handeln zu ziehen.

5.1.2.1. Varianz der Organisationsrollen

Organisationsrollen werden definiert durch geschriebene und
nicht-geschriebene Normen, durch ausgesprochene und nicht-aus-
gesprochene Erwartungen. In die Definition der einzelnen Organisationsrollen geht nicht nur die Vorstellung der Organisationsleitung ein, sondern vieler Akteure innerhalb wie außerhalb der Organisation. Dies hat der vorhergehende Abschnitt
deutlich werden lassen. Da nicht nur in den Organisationsvorschriften schriftlich fixierte Normen die Organisationsrollen
definieren, sondern auch Normen solcher Art, die aus keinem
Dokument erschlossen werden können, sondern die sich nur in
den Reaktionen der an einzelnen Handlungssituationen beteiligten Akteure finden lassen, können <u>wesentliche Normen oft
nur über einen langfristigen Lernprozeß entdeckt</u> und in ihrer
Relevanz erfahren werden. Der Anteil solcher Normen steigt
in dem Maße, wie vermittels der Sprache eine hinreichende Eindeutigkeit über die zu erledigenden Aufgaben, die spezifische
Art der Aufgabenerledigung und die dabei anzuwendenden Verfahren sowie die zu beachtenden Regeln deswegen nicht erzielt
werden kann, weil sich der Sachverhalt einer solchen Bestimmung und Vermittlung verschließt. <u>Bruchstückhafte</u> und <u>mehr-
deutige Informationen</u> im Verein mit der Tatsache, daß "die
Informationen über die die Rolle definierenden Normen (die
eigene Rolle und die seiner Partner) für den Akteur häufig
schwer zugänglich sind" (BOUDON, 1980, S. 81), schaffen Un-
sicherheit und lassen die handlungsrelevanten Normen nur un-
deutlich hervortreten.

Die hier angesprochene Problematik gilt allerdings nicht nur
für Normen, die Organisationsrollen definieren, sondern auch
für Normen anderer Art. So ist sie charakteristisch für die
Rechtsnormen unseres Rechtssystems. Ermessensbegriffe (Rechts-
vorschriften, welche die Rechtsfolgen in das Ermessen der

jeweils zuständigen Instanzen stellen) und unbestimmte Rechts-
begriffe (jeweils der Interpretation bedürftige allgemeinere
Begriffe) machen es z.B. im Bereich der Sozialleistungen den
jeweiligen Helfern oder ihren Organisationen schwer, Rechtsnormen zu finden, die zu den jeweils vorliegenden oder eigens
erhobenen Lebenslagenmerkmalen passen und die in Verbindung
mit diesen die jeweils gewünschte oder erforderliche soziale
Hilfeleistung als Rechtsfolge auszulösen vermögen.

Unterstellt man nun, daß eine jede Person, die in ein Rollensystem eingebunden ist, danach trachtet, den aus der fehlenden Eindeutigkeit wie aus der mangelnden Erkennbarkeit resultierenden Spielraum der Interpretation als Dispositionsspielraum zu nutzen, und versucht, diesen Spielraum durch eine
ihren jeweiligen Zielen und Interessen entsprechende Eigendefinition auszufüllen, so empfiehlt es sich, auch für Zwecke
der Organisationsanalyse die Rollensysteme der jeweiligen Organisation als "strategisches Interaktionsfeld" zu verstehen
(BOUDON, 1980, S. 78). Tut man dies, dann geht es auch bei
Organisationsanalysen darum, nach den Interessen und Zielen
der handelnden Personen, ihren Nutzenschätzungen und der
Struktur des Interaktionsfeldes zu fragen, wenn man zu einer
einigermaßen angemessenen Deutung von Spannungszuständen und
Konflikten und zu einer zutreffenden Beschreibung der Organisationsstrukturen gelangen will. [3+)] Bei einer solchen Analyse
gewinnen zugleich die Erfahrungen und Lernprozesse an Bedeutung, welche die in solchen Interaktionssituationen miteinander verbundenen Personen bereits gemacht haben, weil davon
mit abhängt, ob ein vorhandener Interpretationsspielraum als
solcher erkannt und, wenn erkannt, auch im eigenen Interesse
genutzt wird. Interpretiere ich Organisationen als soziale
Systeme, für die Personen nicht Elemente sondern Umwelt sind,
laufe ich stets Gefahr, daß mir dieser Sachverhalt entgeht.

Nun läßt sich nicht leugnen, daß gerade in Arbeitsorganisationen Gestaltungsspielräume der hier erörterten Art umso größer und zahlreicher sind, je größer der Rollenanteil von leitenden, planenden und organisierenden Funktionen geprägt ist. Andererseits sind die Spielräume umso kleiner, je mehr administrative und, vor allem, ausführende Funktionen in einer Organisationsrolle gebündelt sind (s. Kap. 4.2.1). Erfolgt die Gewährleistung von Koordination und Kontrolle durch Standardisierung, dürften in der Regel die Spielräume ebenso eingeschränkt und der Kontrolle der Organisationsleitung unterworfen sein, wie wenn Koordination und Kontrolle mit Hilfe technischer Anlage geschehen. Am größten sind die Spielräume wohl dann, wenn Koordination und Kontrolle durch wechselseitige Abstimmung der jeweils interagierenden Personen oder Personengruppen vollzogen werden, sowie dann, wenn lediglich die zu erbringenden Organisationsleistungen vorgegeben werden, Verfahrensvorschriften jedoch fehlen.

Bezogen auf die Beispielorganisation Arbeitsamt dürfte der größte Spielraum den Berufsberatern zukommen, der geringste den Versicherungssachbearbeitern, die durch Rechtsnormen und Verfahrensvorschriften sowie durch interne Dienstanweisungen stärker gebunden sind (s. Organisationsplan, Anhang S.201). Im Autohaus läßt sich diese Frage nicht so eindeutig entscheiden, weil die dazu erforderlichen Informationen fehlen (vgl. das Organigramm im Anhang S.203). In der Berufsschule sind es die Lehrer, welche den größten Spielraum haben und deren Rollennormen sich am ehesten einer allzu exakten Definition entziehen.

Da in Arbeitsorganisationen die Variation der Rollen positiv mit der Zugehörigkeit zu bestimmten Statusgruppen korreliert, resultiert aus dieser Eigenart von Rollennormen in Verbindung mit der spezifischen Form organisatorischer Arbeitsteilung

eine mit wachsendem Status (s. Kap.4.2.4) zugleich zunehmend
größer werdende Chance zur Eigeninterpretation der Rolle und
damit zur Instrumentalisierung der Organisationsrolle zur
Durchsetzung individueller Interessen. In der unterschiedlichen Varianz der Rollen liegt es ferner begründet, daß sich
manche Positionen in Organisationen relativ leicht, andere
hingegen nur sehr schwer oder überhaupt nicht im Hinblick
darauf kontrollieren lassen, ob und inwieweit die Positionsinhaber den Organisationsprogrammen gemäß und unter Beachtung
der Organisationsvorschriften den von ihnen erwarteten Beitrag zur Organisationsleistung erbringen.

5.1.2.2. Ambivalenz der Organisationsrollen

Die hier angesprochene Ambivalenz bezieht sich auf jene Normen, welche die Organisationsrolle definieren. Es handelt sich
darum, daß die definierenden Normen in sich widersprüchlich
sind und verschiedene, z.T. einander ausschließende Interpretationen zulassen. Ein Beispiel betreffend die Beispielorganisation Berufsschule sei hier angeführt: § 21 der Allgemeinen
Schulordnung des Landes Nordrhein-Westfalen, überschrieben
"Leistungsbewertung", lautet in den Absätzen (1) bis (4):

"(1) Die Leistungsbewertung soll über den Stand des Lernprozesses des Schülers Aufschluß geben; sie soll auch Grundlage
für die weitere Förderung des Schülers sein. ...

(2) Die Leistungsbewertung bezieht sich auf die im Unterricht
vermittelten Kenntnisse, Fähigkeiten und Fertigkeiten.

(3) Bei der Bewertung von Schulleistungen ist der Eigenart
der Schulstufe, der Schulform und des Unterrichtsfaches Rechnung zu tragen.

(4) Grundlage der Leistungsbewertung sind alle vom Schüler im
Zusammenhang mit dem Unterricht erbrachten Leistungen, insbesondere schriftliche Arbeiten, mündliche Beiträge und praktische Leistungen. ..."

Diese Regelung läßt einander ausschließende Interpretationen
für den Berufsschullehrer zu: Ziel ist "Aufschluß über den
Stand des Lernprozesses" zu erlangen, Bezug genommen soll
aber nur werden "auf die im Unterricht vermittelten Kenntnisse", jedoch bilden Grundlage der Leistungsbewertung "alle ...
im Zusammenhang mit dem Unterricht erbrachten Leistungen".
Im dualen System der Berufsausbildung könnte dies dann zu wi-
dersprechenden Konsequenzen bei verschiedenen Berufsschulleh-
rern führen, wenn Berufsschule und Ausbildungsbetrieb miteinander kooperieren und z.B. die jeweils erbrachten "praktischen
Leistungen" im Ausbildungsbetrieb und unter Anleitung des dor-
tigen Ausbilders erbracht werden, dies aber nicht für alle
Schüler einer Klasse in gleichem Maße gilt. Da der "Stand des
Lernens" eine Aufteilung zwischen Ausbildungsbetrieb und Unterricht wohl kaum zuläßt, andererseits aber nur auf im Unterricht vermittelte Kenntnisse abgestellt werden soll, könnte
der eine Lehrer die zuvor genannten praktischen Leistungen
grundsätzlich aus der Bewertung aussparen, ein anderer hingegen mit Hinweis auf Absatz (4) und den bestehenden Zusammenhang mit dem Unterricht die praktischen Leistungen auch
einbeziehen. Unterschiedliche Urteile könnten nicht selten
das Ergebnis sein. Wohlgemerkt: Die _Normen_ sind _nicht mehr-
deutig_, was zur Varianz durch unterschiedliche Interpretationen führen würde, _sondern widersprüchlich_, was ambivalentes
Handeln zur Folge hat.

Bei ambivalenten Normen besteht für den jeweiligen Positionsinhaber ein Spielraum mit Dispositionschancen, der zu widersprüchlichen Handlungskonsequenzen führen kann. Ist dies der
Fall, kann die jeweils handelnde Person den durch die widersprüchliche Definition gegebenen Spielraum durch eigene Interpretation und den eigenen Interessen gemäß ausfüllen -
vorausgesetzt, die anderen Interaktionspartner spielen mit.
Nicht selten bleibt ein solcher Widerspruch deswegen verbor-
gen, weil nicht die vorliegende Norm interpretiert wird,

'wie dies in diesem Falle bislang üblich war'. Grundsätzlich
liegt auch in solchen Rollennormen eine Quelle möglicher in-
nerorganisatorischer Konflikte und Spannungen, die strategisch
genutzt und auch zu Änderungen bisher üblicher Verfahrensweisen führen können und damit einen Ansatzpunkt für Wandlungsprozesse bieten.

Widersprüchliche Normen und Verhaltenserwartungen sind für
viele Positionen in Arbeitsorganisationen charakteristisch:
Ein geradezu klassisches Beispiel ist die Position des Arbeits-
direktors im Vorstand mitbestimmter Unternehmen, der zum einen
als Vorstandsmitglied die in erster Linie ökonomisch definierten Organisationsziele zu vertreten und durchzusetzen hat, der
aber, z.B. im Bereich der Montanmitbestimmung, an das Vertrau-
en der Arbeitnehmervertreter gebunden ist und in der Regel
dort auch von den Gewerkschaften herkommt und sich in seinem
Organisationshandeln an den Gewerkschaften und Arbeitnehmer-
vertretern orientiert (SPIE, 1979), soweit dies mit den Rollennormen seiner Position vereinbar ist. Angesichts der gegebenen Widersprüchlichkeit und Ambivalenz liegt in der Interpretation von 'vereinbar' die strategische Möglichkeit zu
unterschiedlichen Verhaltensweisen.

Widersprüchliche Normen ergeben sich in vielen Positionen des
Autohauses aus der dort eingeführten Mitarbeiterbeteiligung.
Die Erörterungen und die Vereinbarungen der Führungsgruppe
über "Demokratische Führung" im Autohaus sind ein Beispiel
dafür (s. Anhang, S. 204).

5.1.2.3. Segmentierung von Organisationsrollen

Wie ich anläßlich der Behandlung von 'Arbeitsteilung, Koordination und Kontrolle' (s. Kap. 4.2.1) aufzeigte, führt die
organisationsspezifische Arbeitsteilung in aller Regel zu
einer Aufteilung in unterschiedliche Arbeits- oder Organisationsrollen und zu deren Bündelung zu Organisationspositionen.
Die Folge dieser, im allgemeinen nicht nur planmäßig, sondern
auch 'naturwüchsig' sich vollziehenden Verteilung von Aufgaben ist u.a., daß sich - teils mehr, teils weniger - Organisationsrollen aus mehreren Teilrollen zusammensetzen. In der
Alltagswirklichkeit von Organisationen haben wir es durchweg
nicht mit eindeutig definierten, widerspruchsfrei normierten
und klar umrissenen Teilrollen zu tun. Dies ist lediglich der
Fall bei starrer Fließfertigung, dem Prototyp 'taylorisierter
Arbeit', der gekennzeichnet ist durch die zwangsläufig gesteu-
erte, lückenlose Folge von Arbeitsvorgängen bei vorgeschriebe-
ner Arbeitsmethode und vorgegebenem Arbeitstempo.

Die Segmentierung von Organisationsrollen in Teilrollen bietet
den Organisationsangehörigen ein Instrument für die individuelle Definition und Ausgestaltung ihrer Organisationsrolle. Ge-
staltungschancen und Handlungsspielräume sind dann am größten,
wenn die unterschiedlichen Teilrollen nur schwer miteinander
vereinbar sind. Ein Paradebeispiel für diesen Sachverhalt ist
die Position der Hochschullehrer an deutschen Universitäten:
Sie sind Lehrer, Forscher, Selbstverwalter und Studienberater;
so lautet z.B. § 48, Abs. 1 des 'Gesetzes über die wissenschaftlichen Hochschulen des Landes Nordrhein-Westfalen (WissHG)'
vom 20. November 1979, der die Dienstaufgaben der Professoren
definiert:

"(1) Die Professoren nehmen die ihrer Hochschule obliegenden
Aufgaben in Forschung und Lehre nach näherer Ausgestaltung
ihres Dienstverhältnisses in dem von ihnen vertretenen Fach
selbständig wahr und wirken an der Studienreform und der Studienberatung mit. Zu ihren hauptberuflichen Aufgaben gehört es

auch, an der Verwaltung der Hochschule mitzuwirken, Prüfungen
abzunehmen und Aufgaben ihrer Hochschule nach § 3 wahrzunehmen."

Eine solche Organisationsrolle, wie sie hier den Professoren
nordrhein-westfälischer Hochschulen per Gesetz vorgegeben ist,
setzt den Positionsinhaber in die Lage, das Gewicht der einzelnen Teilrollen und ihr Verhältnis zueinander sowie die
Vermittlung zwischen ihnen so zu bestimmen, daß es seiner beruflichen Orientierung am besten entspricht. Es bietet aber
auch den anderen Positionsinhabern in der Organisation die
Möglichkeit, Einfluß auf die Ausgestaltung der verschiedenen
Teilrollen unter Berücksichtigung ihrer privaten Interessen
und Ziele wie ihrer Definition der Organisationsleistungen
und der Organisationsprogramme zu nehmen.

Ein Hochschullehrer kann sich in erster Linie als Forscher
definieren, weil das seinen beruflichen Orientierungen am
nächsten kommt und weil es ihm, wenn er dabei erfolgreich ist,
am meisten Gratifikationen von den Fachkollegen, aber auch
von anderen zu bieten verspricht, jedenfalls derzeit an
deutschen Universitäten. Tut er dies, so wird er sich darum
bemühen, als Lehrer, als Studienberater und als Selbstverwalter nur so wenig wie eben möglich einzusetzen, um einen möglichst großen Teil seiner Dienstzeit der Forschung widmen zu
können. Die anderen Aufgaben überläßt er seinen Kollegen oder
anderen Gruppen des Organisationspersonals, z.B. den wissenschaftlichen Mitarbeitern, den nicht-wissenschaftlichen Mitarbeitern oder den Studenten. Hinsichtlich der Entwicklung
des Hochschulrechtes und der Hochschuladministration kann dies
zur fatalen Folge haben, daß der aus dem Forschungsauftrag
resultierende Anspruch nur noch untergewichtig in Entschei-
dungsgremien vertreten wird; eine Konsequenz, die der Hochschullehrer bei der Eigendefinition seiner Organisationsrolle
sicher nicht beabsichtigte: ein widersprüchlicher, unbeabsich-

tigter oder paradoxer Effekt. [4+)]

Aus der Sicht des Studenten hat die Vernachlässigung von Lehre und Studienberatung durch den Hochschullehrer die Konsequenz, daß seinen Interessen und Zielen nur unangemessen Rechnung getragen wird. Er wird sich folglich dafür einsetzen, daß mit den Mitteln der Selbstverwaltung und anderer Institutionen, auf die er Einfluß nehmen kann, der Lehre ein größeres Gewicht verschafft und dieses durch entsprechende Rollennormen mit Hilfe von Organisationsvorschriften durchgesetzt wird. Sollte darunter die Forschung leiden, so schert ihn dies möglicherweise nicht, solange nur eine angemessene Ausgestaltung der Lehre gesichert ist und der 'Ruf' der Hochschule und die daran gebundenen Berufschancen nicht beeinträchtigt werden. Aber auch hier können widersprüchliche und unbeabsichtigte, ja auch unerwünschte Konsequenzen eintreten.

Kompliziert ist eine Prognose der Konsequenzen aus solchen segmentären Rollen und den verschiedenen möglichen Eigendefinitionen der Positionsinhaber, weil sie nicht allein, ja oft nicht einmal ausschlaggebend von den Entscheidungen der einzelnen Positionsinhaber abhängen, sondern von der spezifischen Struktur des jeweiligen Interaktionssystems und den verketteten Handlungen relevanter Akteure. Wichtig ist in diesem Zusammenhang, wenn wir das Beispiel des oben geschilderten, primär forschungsorientierten Hochschullehrers zugrundelegen, u.a.

die 'Orientierung' der Hochschullehrer des
gesamten Fachbereichs: die Ziele, die sie verfolgen, die Mittel, die sie einsetzen, die Motivationen, die sie ins Spiel bringen, die Werte,
die sie anerkennen, und die Normen, die sie beachten;

die 'Orientierung' der übrigen relevanten Gruppen
von Hochschulangehörigen (wissenschaftliche und
nicht-wissenschaftliche Mitarbeiter, Studenten);

die Bewertung von Forschung, Lehre, Studienberatung und Selbstverwaltung im Rahmen der
verschiedenen Belohnungs- oder Satisfaktions-
systeme innerhalb wie außerhalb der Hochschule;

die den verschiedenen Personen und Personengruppen zur Durchsetzung ihrer Vorstellungen
zur Verfügung stehenden Mittel und Einflußpotentiale innerhalb wie außerhalb der Hochschule;

die der Organisationsleitung (Dekan, Fach-
bereichsrat, Rektor, Rektorat, Senat, Kanzler
und Verwaltung) rechtlich wie faktisch mögliche Kontrolle des Handelns wie der Handlungs-
ergebnisse der Hochschulangehörigen;

die Außenwirkungen der Strukturentscheidungen
wie der tatsächlich erbrachten Organisationsleistungen.

Erschwerend für Prognose wie Kontrolle kommt in diesem Bei-
spielsfall hinzu, daß wegen der Art der zu erbringenden Leistungen und der dem Hochschullehrer zugestandenen Selbständigkeit der Hochschullehrer sich in allen Teilrollen nur mit
einem Minimum seines Leistungsvermögens engagieren kann.
Wird ihm unzureichende Leistung in der Forschung vorgehalten,
kann er sich mit den Verpflichtungen in Lehre, Studienberatung und Selbstverwaltung herausreden. Genügt dies zur Rechtfertigung nicht, kann er auf die mit Forschungsaufgaben zwangsläufig verbundenen intellektuellen Anstrengungen und die oft-
mals unvermeidlichen 'produktiven Umwege' verweisen, um den
bislang ausstehenden Leistungsnachweis im Bereich der Forschung zu 'erklären'. Wird die Leistung in der Lehre gerügt,
kann er in ähnlicher Weise verfahren; ebenso hinsichtlich
eventueller Vorwürfe von Leistungsdefiziten in Studienberatung
oder Selbstverwaltung. D.h.: im Grunde ist die tatsächliche
Leistung eines Hochschullehrers durch Dritte mit hinreichender Beweiskraft nur schwer, häufig gar nicht zu beurteilen.

Die Folge ist, daß man ersatzweise auf Kollegenkontrolle oder
Kontrolle durch die Profession zurückgreift oder, daß man Er-
satzkriterien wählt, um wenigstens 'symbolisch' Kontrolle aus-
zuüben.

Dieses etwas weit ausformulierte und dennoch nicht genügend
konkret beschriebene und diskutierte Beispiel dürfte genügen,
um jenes Problem aufzuzeigen, daß mit der Segmentierung von
Organisationsrollen angesprochen ist. Es gilt auch für Berufsberater und Berufsschullehrer in analoger Weise, um zwei Be-
rufsgruppen unserer Beispielorganisationen noch zu nennen.

5.1.2.4.   <u>Interferenz von Organisationsrollen</u>

Die ausführliche Behandlung des Themas 'Die moderne Gesellschaft als Organisationsgesellschaft' hat gezeigt, daß die
meisten Mitglieder unserer Gesellschaft nicht nur einer, sondern einer größeren Zahl von Organisationen angehören, deren
Bedeutung für ihr Leben allerdings recht verschieden sein
kann. Die Folge ist, daß die einzelnen Organisationsangehörigen nicht nur eine, sondern <u>mehrere Positionen in Organisa-
tionen</u> innehaben und folglich auch nicht nur eine, sondern
<u>mehrere Organisationsrollen</u> und außerdem noch Rollen in an-
deren sozialen Gebilden spielen. Diese Rollen sind durchweg
nicht völlig, sondern nur mehr oder minder miteinander vereinbar. Auch haben sie in der Lebensorientierung der Individuen
nicht alle die gleiche, sondern z.T. sehr unterschiedliche
Bedeutung (s. Kap.2.2.6, 2.3). In diesem Sachverhalt liegt
wiederum eine Chance für die individuelle Ausprägung und Gestaltung von Organisationsrollen. Auch hat er zur Folge, daß
Erfahrungen in der einen Organisation auf das Verhalten in
den anderen Organisationen einwirken. Schließlich können die
Rollennormen der einen Position nur schwer vereinbar sein mit
jenen der anderen: Eine Gegebenheit, die wir im Fachjargon

Inter-Rollen-Konflikt nennen:

"So ist eine Familienmutter gleichzeitig Ehefrau, Bankange-
stellte, aktive Gewerkschaftlerin und Wählerin. Selbstver-
ständlich können zwischen diesen Rollen Interferenzphänomene
auftreten: die aktive Gewerkschaftlerin kann der Wählerin im
Wege stehen; die Familienmutter kann in Situationen geraten,
welche die Ehefrau in Schwierigkeiten bringt" (BOUDON, 1980,
S. 60).

Das hier angesprochene Phänomen bedeutet, daß dann, wenn wir
Organisationsangehörige als Elemente von sozialen Gebilden
ansehen, davon auszugehen ist, daß die verschiedenen Rollen,
die ein Individuum innehat, nicht unverbunden nebeneinander
stehen, sondern durch die Person als Rollenträger miteinander
verbunden sind und aufeinander einwirken. In diesem Prozeß
besteht die Möglichkeit, daß eine Rolle zu bestimmten Zeiten,
an bestimmten Orten, im Hinblick auf bestimmte Sachverhalte
so stark dominiert, daß alle anderen Rollen zurücktreten und
nur die Normen der dominanten Rolle handlungsrelevant werden.
Es kann aber auch sein, daß immer die anderen Rollen auf die
Eigendefinition der jeweiligen Organisationsrolle einwirken
und daß deswegen eine Abwandlung der Rollennormen und der
Wirkung von Sanktionen erfolgt. Ob, bei welchen Organisationen
und welchen Organisationsrollen in welchen Situationen mit
Bezug auf welche Personen welche Rollen in anderen sozialen
Gebilden für die Definition der jeweiligen Organisationsrolle
und damit für das Handeln relevant werden, ist eine empirische
Frage. Es ist deswegen hier nicht mehr möglich, als auf diese
Gegebenheiten hinzuweisen.

Es dürfte sicher plausibel sein, daß es schon einen Unterschied
macht, ob ein Abteilungsleiter eines Arbeitsamtes auch noch
aktives Gewerkschaftsmitglied, Funktionär des zuständigen Be-
rufsverbandes, in der Leitung des Ortsverbandes einer großen
Partei und aktiv in seiner Kirchengemeinde wie in der politischen Gemeinde ist oder ob er nur einem Skatclub, einem Ge-
sangverein und als beitragszahlendes Mitglied dem zuständigen

Berufsverband angehört. Ähnliches gilt für den Arbeitsdirektor, für den Kfz-Elektriker, für den Berufsschullehrer und
für den Hausmeister.

Die Ausführungen in diesem Abschnitt dürften deutlich gemacht
haben, daß eine organisationssoziologische Analyse erst dann
fruchtbar ist, wenn sie die Begrenzungen bereichsspezifischer
Fragestellungen durchbricht und sich nicht nur an bereichs-
spezifischen Theorien orientiert. Analytische Schärfe wächst
ihr in dem Maße zu, wie sie sich als Soziologie, angewandt auf
den Gegenstandsbereich 'Organisationen', begreift und nicht
als Organisationssoziologie mit speziellen Theorien, speziellen Fragestellungen und speziellen Methoden. In die gleiche
Richtung weisen die Themen und ihre Behandlung in dem folgenden Abschnitt.

5.1.3. Paradoxe Effekte individueller Rationalität

Paradoxe Effekte absichtsgeleiteter individueller Handlungen
sind für Soziologen wie für Ökonomen eigentlich vertraute Phänomene, auch wenn der Begriff nicht immer benutzt wird. Es
geht dabei um

"individuelle oder kollektive Effekte, die sich aus dem Zu-
sammentreffen individueller Verhaltenssequenzen ergeben, ohne
Teil der von den Akteuren mit ihren Handlungen verfolgten Ab-
sichten zu sein" (BOUDON, 1979, S. 62).

So will der im vorigen Abschnitt als Beispiel genannte Hochschullehrer mit seiner Vernachlässigung von Lehre, Studienberatung und Selbstverwaltung keineswegs erreichen, daß die Forschung beschränkt und die Verpflichtung zur Lehre ausgeweitet
wird. Handelt aber eine größere Zahl von Kollegen wie er und
wird dadurch die Lehre beeinträchtigt, so ist bei wachsendem
Druck der Öffentlichkeit angesichts zunehmender Studentenzahlen mit einem solchen Effekt zu rechnen, einem Effekt, den

der Hochschullehrer mit seinen Handlungen nicht beabsichtigte.
Ob ein solcher Effekt eintritt, liegt allerdings nicht nur am
Handeln des einen Hochschullehrers, sondern auch daran, wie
sich die Kollegen verhalten, was dies für die Öffentlichkeit
bedeutet und wie es um die Studentenzahlen steht, um nur einige der relevanten Variablen zu nennen.

Wir haben es hier mit Effekten zu tun, die aus dem Zusammen-
treffen der Handlungsketten mehrerer Individuen resultieren,
die von den handelnden Individuen aber nicht beabsichtigt
werden, manchmal sogar als unerwünscht und die Handlungsin-
tention verfälschend oder verkehrend angesehen werden.
BOUDON (1979, S. 63) gelangt im Rahmen seiner Analyse solcher
Effekte zu dem Ergebnis, daß

"sich ebenso viele mögliche Fälle unterscheiden (lassen), wie
es Kombinationen der folgenden Kriterien gibt:

1. Kein Mitglied der Gemeinschaft (1a), einige Mitglieder (1b),
   alle Mitglieder (1c) erreichen ihre individuellen Ziele;

2. indem sie gleichzeitig kollektiven Nutzen (2a), kollektiven Schaden (2b) oder sowohl kollektiven Nutzen als auch
   kollektiven Schaden stiften (2c);

3. Schaden und Nutzen entstehen nur für einige (3a) oder für
   alle Mitglieder der Gemeinschaft (3b)."

Dieses Paradigma der paradoxen Effekte steht in einem logischen Widerspruch zu

"solchen Annahmen, die aus dem homo sociologicus ein Wesen
machen, das von sozialen Kräften bewegt wird, die ihm äußer-
lich sind" (a.a.O.).

Ein paradoxer Effekt ist nämlich

"nur möglich in einem analytischen Rahmen, in dem das soziologische Subjekt, der homo sociologicus, betrachtet wird als
von Zielen bewegt, die es zu erreichen bestrebt ist, sowie
den Annahmen, die es über die zur Erreichung dieser Ziele
einsetzbaren Mittel hat. Mit anderen Worten, das Paradigma
ist unvereinbar mit dem in der zeitgenössischen Soziologie

gängigen Modell eines homo sociologicus, dessen Handlungen
in Wahrheit von den sozialen Strukturen determinierte Reaktionen sind" (a.a.O.).

Das Paradigma der paradoxen Effekte beruht auf folgenden Annahmen (BOUDON, 1979, S. 65):

> das soziologische Subjekt ist ein "mit einem System
> von Präferenzen ausgestatteter, intentionengeleiteter
> Akteur..., der bestrebt ist, mit Hilfe ihm akzeptabel
> erscheinender Mittel seine Ziele zu erreichen",

> das Subjekt "besitzt ein mehr oder minder deutliches
> Bewußtsein vom Ausmaß seiner Kontrolle über die Ele-
> mente der Situation, in der (es) sich befindet",

> das Subjekt "handelt auf der Basis begrenzter Infor-
> mationen und unter Unsicherheit",

d.h. es beruht auf einem Subjekt, das mit "begrenzter Rationalität" handelt, wie es für handelnde Individuen in sozialen
Bezügen kennzeichnend ist (s. Kap. 3.3, 3.5) und wie es dem
hier zugrunde gelegten theoretischen Ansatz entspricht.

Aus den verschiedenen möglichen Kombinationen der von BOUDON
genannten Kriterien ergeben sich achtzehn verschiedene Typen
paradoxer Effekte. Sie erscheinen in je unterschiedlich konkreter Weise, nicht zuletzt deswegen, weil für die Wirkung
außer den handelnden Individuen, ihren Orientierungen und
ihren Verkettungen auch der jeweilige institutionelle Rahmen
von Bedeutung ist. Es ist deswegen im Rahmen dieser Einführung
nicht möglich, für die Beispielorganisationen Beispiele paradoxer Effekte vorzustellen. Ein Beispiel, eher konstruiert
als wirklich, aber doch nicht ohne jeden Bezug zur Wirklichkeit, muß zur Verdeutlichung genügen.

Im Zuge der zunehmenden Schwierigkeiten, alle Jugendlichen
im Bereich der beruflichen Bildung unterzubringen, stand die
Bundesanstalt für Arbeit vor der Frage, wie dieses Problem
zu steuern sei. Getreu dem für diese Anstalt charakteristischen

'bürokratischen Modell' der Organisationsleitung (s. Kap.
4.1.5) sah man in einer detaillierten und ständig fortzu-
schreibenden Arbeitsplanung das entscheidende Mittel, um die
vorhandenen Personalkapazitäten auszuschöpfen und für eine
"volle Nutzung der berufsberaterischen Möglichkeiten im Interesse der Ratsuchenden" zu sorgen. Ferner war man davon
überzeugt, daß nur "eine Koordination aller am Planungspro-
zeß beteiligten Instanzen auf der Grundlage zentraler Weisungen" die "Wirksamkeit der Arbeitsplanung" zu gewährleisten
vermöge. Ein Runderlaß mit "konkreten Planungshilfen" wurde
herausgegeben und den Dienststellen (d.h. den Arbeitsämtern)
sowie den Berufsberatern für die Kapazitätsberechnung wie für
die Gestaltung des organisatorischen Handelns (d.h. die Berufsberatung) als Organisationsvorschrift verpflichtend gemacht.

In diesem Erlaß wird zunächst die Gleichrangigkeit der drei
Aufgabenbereiche: Berufsorientierung, berufliche Beratung
und Ausbildungsvermittlung verordnet und die in einem früheren Erlaß geregelte Nachrangigkeit einzelner Aufgabengebiete
aufgehoben (s. Kap. 2.3). Auch wird näher ausgeführt, was in
den genannten Aufgabenbereichen jeweils zu geschehen hat.
Art und Umfang der Aufgaben werden vorgeschrieben. Schwer-
punktsetzungen werden nur innerhalb eines Aufgabenbereiches
(Berufsorientierung, berufliche Beratung, Ausbildungsvermittlung, Förderung der beruflichen Ausbildung sowie Eigeninformation und Fortbildung (s. Kap. 4.1.2.1)) erlaubt. Ferner
werden 'Sollnormen' hinsichtlich des Umfanges vorgegeben, den
die einzelnen Aufgabenbereiche innerhalb eines Jahreszeit-
raumes ausmachen müssen (Berufsorientierung 15 - 20%, berufliche Beratung 45 - 50%, Ausbildungsvermittlung und Förderung
20 - 25%, Eigeninformation, Informationsaustausch und Fortbildung 15 - 20%) und bestimmt, daß in diesen Werten der erforderliche Wegeaufwand eingeschlossen ist. Sofern eine den

'Sollnormen' entsprechende Aufgabendurchführung nicht möglich ist, müssen die einzelnen Aufgabenbereiche zu gleichen
Teilen reduziert werden. Im Rahmen dieser Vorgaben dürfen bei
der regionalen und örtlichen Arbeitsplanung gewisse Besonderheiten berücksichtigt werden.

Damit aber nun auf diese Weise keine allzu starke Differenzierung eintritt, werden zusätzlich noch detaillierte "Mindestnormen für die Aufgabendurchführung" festgelegt, die im
Falle längerfristiger und überdurchschnittlicher Engpässe
wirksam werden. Diese Vorschriften lassen dem Berufsberater
aber selbst dann keinen Handlungsspielraum, wenn terminierte
Beratungsgespräche, deren "Terminierungszeit" "brutto 45 Mi-
nuten (Gespräch und Gesprächsprotokoll) nicht unterschreiten"
darf, "unvorhersehbar nicht in Anspruch genommen" werden.
Dann gilt nämlich: "die Zeit (ist) z.B. für dringliche Bera-
tungs- und Auskunftsfälle, die Beantwortung schriftlicher
Anfragen, die Auswertung psychologischer bzw. ärztlicher Be-
gutachtungsergebnisse o.ä. zu nutzen." Unterschritten werden
dürfen diese Mindestnormen nur mit Genehmigung des zuständigen Landesarbeitsamtes.

Schließlich wird auch noch die Arbeitsplanung verordnet. Sie
hat, getreu der zentralistischen Perspektive, nach den Vorstellungen der Hauptstelle zu erfolgen, die von den Landes-
arbeitsämtern in einen 'Rahmenarbeitsplan' umzusetzen sind,
der auch Weisungen enthalten darf für "die anteilige Reduzie-
rung der Aufgaben bei unzureichenden personellen Kapazitäten"
in "Kenntnis der regionalen Verhältnisse". Für die Arbeitsämter sind konkrete Anleitungen zur Umsetzung des Rahmenpla-
nes zu geben. Die Arbeitsämter haben "unter Berücksichtigung
des Landesarbeitsamts-Rahmenplans ihren Arbeitsplan" zu erstellen. Wie dies zu geschehen hat, wird ebenso vorgeschrieben wie die Kontrolle der Einhaltung des Arbeitsplanes durch
die 'Führungskräfte'. Damit nichts ungeregelt bleibt, wird

schließlich noch festgelegt, welche Maßnahmen bei "nicht
vorhersehbaren Engpässen" zu erwägen sind.

Dieser Erlaß soll dazu dienen, den Grundsatz in die Tat umzusetzen:

"im Vordergrund des Wirkens der Berufsberatung steht das Eingehen auf den einzelnen Menschen, der sich beruflich bilden
soll" (BUNDESANSTALT,1977 , S. 26).

Mit seiner Hilfe soll die Behauptung in Organisationsleistungen umgesetzt werden (a.a.O., S. 28f.):

"Das moderne Verfahren der Berufsberatung gewährleistet recht-
zeitige und umfassende Berufsorientierung, gründliche individuelle Beratung, qualifizierte Vermittlung geeigneter Ausbildungsstellen und im Einzelfall erforderliche Förderung der
beruflichen Ausbildung. Ein Jahresarbeitsplan ermöglicht es,
die Aufgaben der Berufsberatung im Ablauf des Jahres zu ko-
ordinieren und zu den jeweils günstigsten Terminen zu erledi-
gen."

Ein umfangreiches statistisches Berichtswesen, daß sich der
Möglichkeiten der EDV in vollem Umfange bedient, gibt der
Bundesanstalt die Möglichkeit, die Realisation des Erlasses
zu überprüfen, vorausgesetzt, die erhobenen Daten stimmen mit
dem tatsächlichen Handeln an der Basis überein und dienen nicht
nur der formalen Legitimation des Handelns der einzelnen Berufsberater.

Dieser Erlaß ist Ergebnis eines paradoxen Effektes und wird
selbst wieder weitere paradoxe Effekte erzeugen. Hinter dem
Erlaß steht die Vorstellung, die Organisationsrolle und die
Organisationsprogramme der Berufsberater ließen sich in ähnlicher Weise steuern, normieren und kontrollieren wie die
Handgriffe eines Fließbandarbeiters in einem Unternehmen der
Automobilindustrie. Die Verfasser des Erlasses haben nicht
nur Kenntnis genommen, daß die Organisationsrollen der Berufsberater ambivalent, variabel und segmentär zugleich sind und
daß sie folglich den Berufsberatern erhebliche Dispositions-

und Gestaltungsmöglichkeiten im Rahmen der Eigendefinition
der Organisationsrolle eröffnen. Zunehmend differenziertere
Vorschriften sind die Folge, mit denen der untaugliche und
die Beratungsaufgaben pervertierende Versuch unternommen wird,
ein Zweckprogramm wie ein Konditionalprogramm zu gestalten.

Ein Berufsberater, der die Beschreibung seiner Organisationsrolle wörtlich nimmt und der sich daran in seinem Handeln
orientiert, wird es schwer haben, den Vorschriften des Erlasses zu entsprechen. Inwieweit eine 'Organisationsphiloso-
phie', die einen Erlaß, wie den zuvor geschilderten, als Lösung eines 'Mangelzustandes' begreift, den Beratern Orientie-
rungshilfe und Stütze ist, die nachfolgendem Leitbild des
Beraters verpflichtet sind, ist mehr als eine offene Frage:

"In jedem Fall aber wird der Berater versuchen, eine vertrau-
ensvolle Gesprächsatmosphäre entstehen zu lassen und sich in
seinem gesamten Gesprächsverhalten möglichst situationsge-
recht auf den oder die Gesprächspartner einzustellen: insbesondere wenn es darum geht, emotional belastende Themen takt-
und verständnisvoll anzusprechen; Pausen im Gespräch auszuhal-
ten, um dem Ratsuchenden Zeit zum Nachdenken zu lassen und
ihn nicht zu überfordern; eigene Überlegungen und Lösungsan-
sätze des Ratsuchenden zu bekräftigen; den erreichten Grad an
Selbständigkeit bzw. das Bemühen des Ratsuchenden um Unab-
hängigkeit zu berücksichtigen und zu unterstützen; Im Blick
auf etwaige Schwierigkeiten oder Rückschläge zu ermutigen
und nötigenfalls entsprechende Auffangpositionen zu entwik-
keln; schließlich dem Ratsuchenden und seinen Begleitpersonen
Gelegenheit einzuräumen, das Beratungsgespräch verantwortlich
mitzugestalten, zu ergänzen und zu korrigieren" (BISPING /
MÜLLER-KOHLENBERG, 1979, S.10).

Die zwischen dem 'Führungsstil' des Erlasses und den hier beschriebenen Normen der Rolle des Beraters in der Beratungs-
interaktion bestehenden Widersprüche geben den Berufsberatern die Chance, ihre Organisationsrolle nach ihren dominierenden beruflichen Orientierungen zu gestalten und dabei formal den Organisationsvorschriften zu entsprechen. Für die
Ratsuchenden kann dies aber bedeuten, daß die ihnen zuteil
werdende Organisationsleistung entscheidend davon abhängt,

zu welchem Berufsberater mit welcher Eigendefinition seiner
Organisationsrolle sie kommen. Wie Carola GABRIEL in einer
empirischen Studie (1975) gezeigt hat, ist es für einen Berufsberater unter den Restriktionen der Organisationsvorschriften sehr schwer, sich als Anwalt der Ratsuchenden zu
definieren und eine solche Definition durchzuhalten. Er kann
dies nur, wenn er sich primär als 'Berater' definiert und
nur sekundär als 'Beamter' der Bundesanstalt für Arbeit.
Dies aber wiederum setzt voraus, daß er auf gewisse Karriere-
orientierungen verzichtet und daß er sein Handeln in der Organisation nicht in erster Linie an jenen Regeln und Erwartungen ausrichtet, die der Karriere förderlich sind.

Die Konsequenzen der hinter dem Erlaß stehenden und auch sonst
das Handeln in der Organisation 'Bundesanstalt für Arbeit'
bestimmenden Vorstellungen sind nach dem Urteil des DGB-Ar-
beitsausschusses 'Beratung im Bildungswesen' (1979, S. 111)
einer 'arbeitnehmerorientierten Berufsberatung' insgesamt eher
hinderlich als förderlich. So heißt es in der Stellungnahme
dieses Ausschusses u.a.:

"Der politische Auftrag, die Jugendlichen zu bewußten und ver-
antwortungsvoll getroffenen Berufswahlentscheidungen zu be-
fähigen, wird verkürzt auf die weit aktuellere (zeitlich begrenzte) Frage des Ausgleichs von Angebot und Nachfrage nach
Ausbildungsstellen. Die Berufsberater erleben diese Veränderung des Auftrages an einer Vielzahl von einengenden, kapa-
zitätsorientierten zentralen Vorgaben inhaltlicher und organisatorischer Art, die den erforderlichen Freiraum des Beraters
einschränken, alles im Einzelfall für den Ratsuchenden Notwendige zu klären, zu entscheiden und gegebenenfalls zu ver-
anlassen. Dem Berufsberater fehlt unter den gegenwärtigen
Arbeitsbedingungen sogar die Zeit, sich die notwendigen Informationen zu erarbeiten, Zusammenhänge - auch im Erfahrungs-
austausch mit den Arbeitskollegen - zu klären und sich an der
Auswahl der Informationsschriften und Dokumentationssammlungen
fachlich steuernd zu beteiligen. Die in den letzten Jahren
intensivierte, aber zu wenig flexibel organisierte Arbeitsteilung zwischen Beratungsfachkräften, Vermittlungsfachkräften,
Dokumentationssachbearbeitern und Mitarbeitern des Fachtechnischen Dienstes wirkt sich für den Ratsuchenden oft recht
nachteilig aus: Der Ratsuchende der Berufsberatung wird je

nach seinen verschiedenen Fragen und Wünschen auf die jeweils
Zuständigen 'aufgeteilt'. Dies ist die Folge eines Rationa-
lisierungsdrucks, der die angestrebten und gesellschaftspoli-
tisch erwünschten qualifizierten Dienstleistungen der Berufsberatung zur Zeit erheblich gefährdet."

Die hier angesprochene Folge der Trennung von verschiedenen
Teilrollen (Berufsorientierung, berufliche Beratung, Ausbildungsvermittlung etc.) aus der umfassender definierten Organisationsrolle des Berufsberaters und ihre Verselbständigung
zu eigenständigen Organisationsrollen erleichtert sicher die
in dem angesprochenen Erlaß für Zwecke der Planung erforderliche Differenzierung der einzelnen Funktionen und ihrer
zeitlichen, räumlichen und personellen Verteilung. Sie hat
aber andererseits, wie jede den Verrichtungen und nicht den
'zu bearbeitenden' Objekten folgende organisatorische Arbeitsteilung, eine 'Aufteilung' des Ratsuchenden bewirkt. Als paradoxer Effekt folgt hieraus die Notwendigkeit, eine weitere
Funktion zur Integration der einzelnen Teilbeiträge dann zu
schaffen, wenn diese Integrationsleistung vom Ratsuchenden
selbst nicht erbracht werden kann. Die organisatorisch für
manche elegantere und effizientere Lösung ist dies nur dann,
wenn man zum einen die Personen vergißt, derentwegen die
Dienstleistungen erbracht werden, und wenn man zum anderen
ebenfalls nicht berücksichtigt, daß die Arbeitsteilung nur
deswegen funktionieren kann, weil die betroffenen Personen zu-
sätzliche Leistungen, nämlich die der Integration, erbringen.
Die analytisch vertretbare Unterscheidung von Informationsbe-
ratung, Entscheidungsberatung und Realisierungsberatung wird
zur Falle, wenn man nach diesem Prinzip Organisationsrollen
schneidet, wie in der Bundesanstalt geschehen, und dabei vergißt, daß Berufswahlprozesse keineswegs in der Reihenfolge:
Information - Entscheidung - Beratung ablaufen, sondern sehr
viel komplexere und vielfältig verschachtelte Prozesse sind.

Ich habe dieses Beispiel so ausführlich vorgestellt, weil es
zum einen geeignet ist, die Spielräume und Widersprüche in
Rollensystemen praktisch deutlich werden zu lassen, und weil
zum anderen nur in dieser Breite überhaupt erkennbar werden
konnte, wo die paradoxen Effekte jeweils stecken. So eindeutig dieses Beispiel sich auch darstellt, so darf man bei
der Lektüre an keinem Punkte vergessen, daß keiner der Beteiligten die Absicht hatte, jene Effekte herbeizuführen, die
tatsächlich eingetreten sind. Allen Beteiligten ging es -
allerdings unter je verschiedenen Zielvorstellungen und
Orientierungen - um eine Verbesserung der Beratung für die
Ratsuchenden, leider trat vielfach das Gegenteil ein. Diesen
Sachverhalt den handelnden Personen als persönliches Unvermögen anzulasten und daraus ein moralisches Problem zu machen, trifft den Kern der Sache nicht, ja wäre geradezu geeignet, die eigentlich wirksamen Faktoren zu verschleiern.
Die begrenzte Rationalität der Handelnden, der institutionelle Rahmen, zumal die bürokratische Organisationsstruktur, die
individuellen Handlungen und ihre wechselseitige Verkettung
produzierten miteinander dieses Ergebnis.

5.2. Organisationen und sozialer Wandel

Organisationen sind menschliche Erfindungen und Konstruktionen
und als solche sowohl Resultat gesellschaftlicher Entwicklung
als auch Agenturen sozialen Wandels. Sozialer Wandel meint den
für die Entwicklung moderner Gesellschaften charakteristischen Prozeß funktioneller und struktureller Differenzierung
im Zuge fortschreitender gesamtgesellschaftlicher Arbeitsteilung. Er führte und führt zu langfristigen und grundlegenden
Veränderungen wesentlicher Komponenten der sozialen Struktur
von Gesellschaften: von Kultur und Religion, von Politik und
Recht, von Erziehung und Bildung, von Wirtschaft und Beruf,
von Arbeit und Freizeit, von Wissenschaft und Technik, von
Werten und Bedürfnissen.

Um das Verhältnis von Organisationen und sozialem Wandel zu
skizzieren, ist zunächst eine nähere Erörterung der bislang
ausgesparten und nur hin und wieder angesprochenen Beziehungen notwendig, die zwischen Organisationen und ihrer sozialen
Umgebung, hier Umwelt genannt, bestehen. Da in der modernen
Gesellschaft den Organisationen eine besondere Bedeutung
nicht nur für den einzelnen Bürger, sondern auch für die
Verknüpfung der Organisationen untereinander und ihre wechselseitige Beeinflussung zukommt, sollen die Verflechtungen
von Organisationen unter dem Thema 'Organisations-Netzwerke'
gesondert dargestellt werden. Das Thema 'Organisationen und
sozialer Wandel' wird dann unter zwei Perspektiven erörtert
werden, nämlich im Hinblick auf den sozialen Wandel in Organisationen sowie im Hinblick auf den sozialen Wandel durch
Organisationen.

5.2.1. Organisation und Umwelt

Bisher blieb offen, durch welche empirisch faßbaren Phänomene
sich ein soziales Gebilde vom Typus Organisation von Personen,
anderen Organisationen und sonstigen sozialen Gebilden abgrenzen und bestimmen läßt. Von 'Organisation und Umwelt' läßt
sich aber sinnvoll nur sprechen, wenn deutlich wird, was mit
'Umwelt einer Organisation' jeweils gemeint ist und wie sich
Organisation und Umwelt voneinander abgrenzen lassen.

Da wir es bei dem Begriff Organisation mit einem Begriff zu
tun haben, der zur Klasse der Begriffe mit Bedeutungsfamilien
gehört, läßt sich die Frage nicht eindeutig entscheiden, ob
ein soziales Gebilde oder ein Zusammenschluß oder eine An-
sammlung von Personen als Organisation zu betrachten ist
oder nicht: Die Antwort hängt davon ab, nach welchen Definitionsregeln verfahren wird. Folglich wird auch die Antwort
auf die Frage nach der Umwelt einer Organisation von den

jeweils Anwendung findenden Definitionsregeln bestimmt. Erachtet man z.B. ein gewisses Maß an Autonomie der Leitungsinstanz einer Organisation als notwendige Bedingung, dann ist
das Arbeitsamt keine Organisation, sondern Teil der Organisation Bundesanstalt für Arbeit. Genügt das Vorhandensein
einer Leitungsinstanz mit gewissen, das Organisationspersonal
bindenden und die Organisationsstruktur bestimmenden Entscheidungskompetenzen, kann das Arbeitsamt als Organisation
angesehen werden, womit das Landesarbeitsamt und die Hauptstelle der Bundesanstalt für Arbeit zur Umwelt dieser Organisation zu rechnen sind. Es geht hier um eine Schwierigkeit,
die 'in der Sache' begründet ist und die sich in dieser Einführung nicht ausräumen läßt.

Für den Zweck dieses und der folgenden Abschnitte dürfte es
genügen, wenn wir uns darauf einigen, daß wir als Organisationen solche sozialen Gebilde bezeichnen, denen die bereits
genannten Eigenschaften (Zusammenschluß von Personen, spezifische Zweckbestimmung, arbeitsteilige Differenzierung,
Leitungsinstanz) als notwendige Bedingungen zukommen und die
darüber hinaus nach dem derzeit geltenden Recht als 'juristische Personen', d.h. als rechtsfähige Subjekte, anzusehen
sind oder solchen sehr nahe kommen. Mit anderen Worten: als
soziale Gebilde, ausgestattet mit einem die ihm angehörenden
Personen bindenden Entscheidungszentrum. Das Autohaus und die
Berufsschule wären danach Organisationen, das Arbeitsamt wäre
Teil der Organisation Bundesanstalt für Arbeit.

Organisationen sind keine isolierten, in sich abgeschlossenen
sozialen Gebilde ohne Außenbeziehungen, sondern eingebunden
in ein bestimmtes Wirtschafts- und Gesellschaftssystem. Sie
stehen mit einer Vielzahl von Personen, Personengruppen, Organisationen und anderen sozialen Gebilden in mehr oder minder intensiven Austauschbeziehungen. Systemtheoretiker sprechen deswegen auch von Organisationen als offenen oder

umweltoffenen Systemen. Die Gesamtheit der Beziehungen und
der Adressaten dieser Beziehungen werden der Umwelt der Organisation zugerechnet. Dabei ist es gleichgültig, ob in
diesen Beziehungen die Organisation durch ihre Repräsentanten und Agenten auf die Umwelt einwirkt, ob die Umwelt auf
die Organisation einwirkt oder ob eine Wechselwirkung vorliegt.

Aus der Umwelt beziehen Organisationen ihre personellen, materiellen, finanziellen und ideellen oder symbolischen
Ressourcen. An die Umwelt geben Organisationen ihre Organisationsleistungen ab, sofern sie diese ihren Zielen entsprechend nicht nur für das Organisationspersonal erbringen.
In der Sprache der Ökonomen handelt es sich bei den Umweltbeziehungen von Organisationen z.T. um Marktbeziehungen,
und zwar zu Beschaffungs- und Absatzmärkten: Warenmärkten,
Arbeitsmärkten, Kapitalmärkten. Die Umweltbeziehungen sind
u.a. rechtlicher, wirtschaftlicher, kultureller und politischer Art.

Für die sozialwissenschaftliche Analyse von Organisationen
lassen sich <u>Umweltbeziehungen</u> auf drei Ebenen unterscheiden:

> der <u>Ebene der Organisationsmitglieder</u> und ihrer
> verschiedenen Gruppierungen; betreffend insbesondere
> die nicht aus der Organisationsposition resultieren-
> den Interaktionsbeziehungen, die jeweils spezifi-
> schen Lebensschicksale (einschließlich Arbeits- und
> Berufsschicksale) und Lernbiographien, die besonderen
> Wert- und Berufsorientierungen;
>
> der <u>Ebene der organisationsspezifischen Austausch-
> beziehungen</u> betreffend die Organisationsprogramme,
> das Organisationspersonal, die Organisationsvor-
> schriften, die Organisationstechnologien sowie die
> Organisationsträger, soweit nicht mit dem Organisa-
> tionspersonal identisch;
>
> der <u>Ebene der Werte und des Wissens</u> (Symbole)
> betreffend die als Rahmenbedingung für das Organi-
> sationshandeln wirksam werdenden Wertsetzungen und
> rechtlichen Regelungen durch staatliche Institutionen,

durch gesellschaftliche Interessengruppen, durch
kulturelle Institutionen sowie durch sozio-kulturell
bedeutsame soziale Gruppierungen, betreffend ferner
den Bestand an systematisiertem Wissen, und zwar als
Handlungswissen (Objekt- und Regelwissen unter Einschluß der Technologie) sowie als Legitimations-
wissen.

Auf der Ebene der <u>Organisationsmitglieder</u> ist aus der Sicht
der Organisationsleitung [5] insbesondere von Bedeutung,

welche Folgen die Einbindung der Organisationsmitglieder in andere Interaktionsbeziehungen und
die Zugehörigkeit zu anderen sozialen Gebilden einschließlich anderer Organisationen für die Gestaltung der Organisationsprogramme und für die Erstellung der Organisationsleistungen haben oder haben
können;

welche Einwirkungen gehen von den jeweils spezifischen Lebensschicksalen und Lernbiographien des
Organisationspersonals auf die Eigendefinitionen
der Organisationsrollen und die Handlungskompetenz
aus;

welches Gewicht haben die Wert- und Berufsorien-
tierungen des Organisationspersonals für die Definition der Organisationsrollen.

Auf der Ebene der <u>organisationsspezifischen Austauschbezie-</u>
<u>hungen</u> geht es aus der Sicht der Organisationsleitung ins-
besondere um

die Sicherung der personellen, finanziellen, materiellen und ideelen Ressourcen,

die Anerkennung und Durchsetzung der Organisationsziele und ihre Anpassung an veränderte Bedingungen,

die Selbstdarstellung und Rechtfertigung des Organisationshandelns,

die Werbung für und den Absatz der Organisationsleistungen,

die Anpassung an oder die Einflußnahme auf die
Umwelt im Hinblick auf die Organisationsprogramme,
die Organisationsvorschriften, die Organisationstechnologien und die Organisationsleitung sowie
die Organisationsstruktur.

Auf der Ebene <u>der Werte und des Wissens</u> spielen aus der Sicht
der Organisationsleitung insbesondere eine Rolle

die vorherrschenden Wertvorstellungen,

die geltenden Rechtsnormen und rechtlichen
Regelungssysteme,

die für die Organisationsleitung und die Organisationsträger bestimmenden Werthaltungen,

die Wertorientierung relevanter Interessengruppen,

das für die Gestaltung der Organisationsprogramme,
der Organisationsvorschriften und der Organisationsstruktur erforderliche oder verwendbare systematisierte Wissen,

das die Qualifikation der Organisationsmitglieder
für die Durchführung der Organisationsprogramme
bestimmende systematisierte Wissen,

das für die Organisationstechnologie bedeutsame
oder verwertbare systematisierte Wissen.

Aus der Sicht der nicht zur Organisationsleitung gehörenden
Organisationsmitglieder sowie aus der Sicht der Empfänger
oder der Adressaten der Organisationsleistungen (der Klienten, der Kunden, des Publikums) ergeben sich auf allen drei
Ebenen sicherlich andere Schwerpunkte. So dürfte z.B. für
das Organisationspersonal von Bedeutung sein, ob und inwieweit die organisationsspezifischen Austauschbeziehungen sowie die Werte und das Wissen in Arbeitsorganisationen des
Staates und der Wirtschaft Möglichkeiten zu eröffnen vermögen, welche die individuellen Dispositionschancen erhöhen
und die Gratifikationen vermehren.

Aus der Sicht der Empfänger oder Adressaten der Organisationsleistungen dürfte von Bedeutung sein, daß ihnen in der Mehr-

zahl der Organisationen weder ein unmittelbarer noch ein mit-
telbarer Einfluß zugestanden wird. Dies hat zur Folge, daß
diejenigen, die ein Interesse an den Organisationsleistungen
um der Leistungen selbst willen haben, an den für die Gestaltung der Organisationsprogramme sowie für die Kontrolle
des Organisationshandelns relevanten Entscheidungen und Regelungen entweder überhaupt nicht oder nur höchst indirekt
beteiligt sind. Die Berücksichtigung ihrer Wünsche und Interessen hängt entscheidend davon ab, wer von jenen Personen,
welche an den infrage kommenden Planungs-, Entscheidungs-
und Kontrollprozessen beteiligt sind, sich zum Sachwalter
ihrer Wünsche und Interessen macht und inwieweit diese jeweils bereit und angemessen in der Lage sind, diese Wünsche
und Interessen zu erkennen, zu bewerten, zu artikulieren
und durchzusetzen versuchen.

Bei der Bundesanstalt für Arbeit und bei den Arbeitsämtern
versuchte man diesem Gesichtspunkt durch die Selbstverwaltungsgremien (s. Anhang S.201), die Verwaltungsausschüsse
der Arbeitsämter und der Landesarbeitsämter, den Verwaltungsrat und den Vorstand Rechnung zu tragen, bei der Berufsschule durch die Schülermitverwaltung. Ob Institutionen dieser Art eine Lösung darstellen, ist keineswegs sicher. Bei
der Bundesanstalt für Arbeit und den Arbeitsämtern sind in
den Gremien nicht die Kunden oder Klienten des Arbeitsamtes,
die Arbeitnehmer und die Arbeitslosen und die eine Berufsausbildung anstrebenden Schüler vertreten, sondern Angehörige
mächtiger Organisationen: der Arbeitnehmer- und der Arbeitgeberverbände, sowie der öffentlichen Körperschaften.

Im Falle des Autohauses erfolgt die Einwirkung über das Kauf-
verhalten der Kunden. Sie haben eine gewisse Chance, Einfluß zu nehmen, weil sie bei ungenügender Organisationsleistung ein anderes Autohaus in Anspruch nehmen können. Wegen
der durch die Markenprodukte geschaffenen Teilmärkte ist aber

auch dieser Einfluß nicht allzu groß und dazu noch von der
jeweiligen Marktsituation abhängig.

Ich habe hier ein Problem angesprochen, das für alle Güter-
oder Dienstleistungen produzierenden Organisationen gilt.
Seine angemessene Lösung ist selbst bei Absatz der Organisationsleistungen über Märkte mit teilweiser Konkurrenz bis
heute nicht gelungen. Dies kann für Empfänger oder Adressaten
manchmal deswegen fatale Konsequenzen haben, weil Organisationen, zumal Arbeitsorganisationen und insbesondere solche
des Staates und der Wirtschaft, dahin tendieren, die Effizienz ihrer Programme und die Wirksamkeit 'ihres' Handelns
in erster Linie aus der Sicht der Organisation, ihrer Leitung
oder ihrer Träger zu beurteilen, nicht aber aus der Sicht der
Kunden, Klienten oder des Publikums. Dies hat dann häufig die
unangenehme (für den Leistungsempfänger, nicht für die Organisationsleitung) Folge, daß Entscheidungen getroffen und
Programme entwickelt oder gestaltet werden, die für die jeweilige Organisation zwar sehr effizient und wirksam sind
(gemessen an organisationsbezogenen Kosten- und Nutzenkalkü-
len), für die Empfänger oder Adressaten der Organisationsleistungen aber höchst nachteilig, und zwar deswegen, weil
Lösungen nicht gerade selten sind, deren Nutzen der Organisation, deren Kosten aber den Kunden, dem Klienten oder dem
Publikum zufallen.

5.2.2. <u>Organisations-Netzwerke</u>

Unter den Umweltbeziehungen kommt den Beziehungen zwischen
unterschiedlichen Organisationen wachsende Bedeutung zu. In
den letzten Jahren hat sich auch in der soziologischen Analyse von Organisationen die Zahl der Studien vermehrt, die sich
mit der Analyse spezifisch geformter Netzwerke, den Verknüp-
fungsmustern interagierender Organisationen, befassen. Hinter

solchen Untersuchungen steht die Vermutung, daß die Struktur
solcher interorganisatorischer Netzwerke von Einfluß ist auf
das Funktionieren der einzelnen, in einem Netzwerk verbundenen Organisationen, aber auch auf die Wirkungen und Konsequenzen des gesamten Systems interdependenter und interferie-
render Organisationen. Allerdings ist bislang noch kein Weg
gefunden worden, wie sich jene Strukturmerkmale finden, bestimmen und messen lassen, die für das Funktionieren der
Netzwerke sowie für das Funktionieren der durch das Netzwerk
verbundenen Organisationen relevant sind.

Um welche Verknüpfungen es dabei gehen kann, möge nachstehen-
de Abbildung (s. folgende Seite) verdeutlichen, welche am
Beispiel des Wohngeldes die spezifische Verknüpfung von Organisationen zeigt.

5.2.3. <u>Sozialer Wandel in Organisationen</u>

Als umweltoffene, in mehr oder minder regem Austausch mit der
Umwelt und ihren verschiedenen Segmenten oder Märkten stehende soziale Gebilde können Organisationen in ihrem Bestand nur
erhalten werden, überleben oder wachsen, wenn sie negative
Austauschprozesse mit der Umwelt vermeiden, d.h. Austauschprozesse, bei denen die Abgabe von Organisationsleistungen
und die dadurch verursachten Kosten größer sind als die Erlö-
se, welche der Organisation zufließen. Grundsätzlich stehen
der Organisationsleitung zwei Wege offen, um dieses Ziel in
einer sich wandelnden Umwelt zu erreichen:

> Sie kann sich in ihren Leistungen, Programmen, Vor-
> schriften, Strukturen und Technologien sowie in ihrem
> Personal der wandelnden Umwelt anpassen, d.h. jeweils
> auf eingetretene Wandlungsprozesse reagieren.

> Sie kann aber auch danach trachten, die Austauschbe-
> ziehungen durch gestaltenden Einfluß auf die Umwelt
> und deren Veränderung positiv zu gestalten.

Zu Kapitel 5.2.2.:

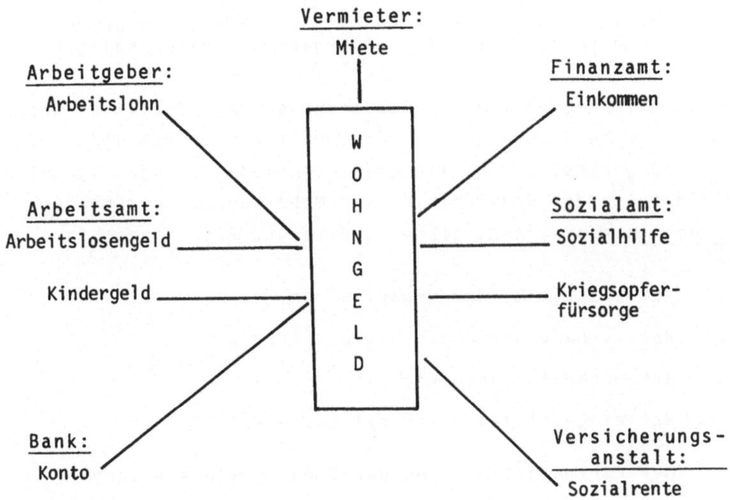

Abb. 4: Beispiel eines Organisations-Netzwerkes
(Organisationen, die im Zusammenhang mit der
Gewährung von Wohngeld miteinander durch zu
erbringende Bescheinigungen oder Bescheide
verbunden sind, nach: BICK/MØLLER, 1978, S.44)

Als <u>Anpassungsstrategien</u> kommen infrage:

    Wandlung der Organisationsleistungen und damit
    der Organisationsprogramme,

    Wandlung der Organisationsprogramme und Beibehalten
    oder lediglich minimale Veränderung der Organisations-
    leistungen,

    Wandlung der Organisationsvorschriften, des Organi-
    sationspersonals oder der Organisationstechnologie.

Welche Strategien die Organisationsleitung wählt, ist weder
durch die Veränderungen in der Umwelt noch durch die verfügbaren Organisationsmodelle und Technologien eindeutig determiniert. In der Regel bleibt ein mehr oder minder großer
<u>Dispositionsspielraum</u>, dessen Breite und Art insbesondere
von

    der Geschichte der Organisation,

    der vorhandenen Organisationsstruktur,

    dem Organisationspersonal,

    der eingesetzten Organisationstechnologie
    sowie

    den Wertorientierungen der Organisationsleitung
    und

    den Zielen der Organisationsträger

beeinflußt wird.

Da die zu erbringenden Organisationsleistungen vielfach mit
verschiedenen Organisationsprogrammen zu erstellen sind und
da weder die Organisationstechnologie noch die Organisationsvorschriften oder das Organisationspersonal die möglichen
Veränderungen determinieren, kann es hinsichtlich der jeweils
zu treffenden Entscheidungen und der Beurteilung ihrer Zweck-
mäßigkeit zu erheblichen Konflikten in Organisationen kommen.
Jede Veränderung bedeutet nämlich eine Veränderung der individuellen Spielräume und Handlungschancen sowie, möglicher-

weise, auch der den verschiedenen Personen und Personengruppen zukommenden Einflußpotentiale.

Im Interesse des Überlebens wie des Wachstums einer Organisation - und in einem expandierenden Wirtschafts- und Gesellschaftssystem ist Wachstum vielfach Bedingung der Bestandserhaltung und des Überlebens - hat die Organisationsleitung
aus strukturfunktionalistischer Perspektive (s. Kap. 3.2),
bezogen auf die Organisation als Ganzes und diese als soziales System begreifend, folgende vier Systemprobleme permanent
zu lösen oder für ihre Lösung durch andere Sorge tragen zu
lassen:

> Zielorientierung und Zielverwirklichung,
> Umweltanpassung und Mittelbeschaffung,
> Integration und Kontrolle,
> Erhaltung der handlungsleitenden normativen
> Muster und der Mitarbeitermotivation.

Befindet sich die Umwelt, mit der eine Organisation in Austauschbeziehungen steht, in einem ständigen Wandel in wirtschaftlicher, rechtlicher, technischer, kultureller und politischer Hinsicht, kommen der Informationsbeschaffung und
-verarbeitung sowie der Entwicklung sachgerechter Entschei-
dungsmuster und Kontrollstrukturen zum Zwecke der Planung,
Steuerung und Kontrolle des Organisationshandelns und einer
flexiblen und innovationsfähigen Organisationsleitung besondere Bedeutung zu.

Die zunehmende Verwendung von EDV und von Mikroprozessoren haben in Verbindung mit dem Aufbau integrierter 'Management-
Informationssysteme' in großen und komplexen Arbeitsorganisationen die Steuerungsmöglichkeiten der Organisationsleitung,
des Managements, beträchtlich ausgeweitet und vermehrt. Sie
haben jedoch zugleich die Gefahr von Fehlentscheidungen bei
nicht sachgerechter und zielorientierter Implementation und

Anwendung beträchtlich erhöht. Deswegen hierzu einige Bemerkungen.

Während viele Anpassungsprozesse in kleinen Schritten vollzogen werden können und eine allmähliche Umstellung der Organisationsstrukturen wie des Personalbestandes ohne allzu große
Reibungsverluste für die Organisation - nicht immer auch für
das betroffene Organisationspersonal - erlauben, treten im
Gefolge der Einführung integrierter Datenverarbeitungssysteme
unter voller Ausschöpfung der bestehenden informationstechno-
logischen Möglichkeiten grundlegende strukturelle wie prozes-
suale Veränderungen ein. Sie haben erhebliche Konsequenzen
für die Kooperations-, Koordinations-, Kommunikations- und
Entscheidungsstrukturen. Sie bedingen in der Regel sowohl
einen Wandel der organisationsspezifischen Arbeitsteilung als
auch der eingesetzten Technologien und der erforderlichen Qualifikationen des Organisationspersonals. Daraus resultiert
eine erhebliche Veränderung der Personalstruktur von Organisationen, zumal dann, wenn die Implementation solcher Systeme
gekoppelt wird mit dem Übergang zu automatisierter Textverar-
beitung. Die neuen Technologien bieten der Organisationsleitung die Chance der Kontrolle des Handelns der Organisationsangehörigen auch in jenen Bereichen, die sich wegen der Art
der Aufgaben, insbesondere wegen des Umgangs mit Symbolen oder
Personen, bislang einer Kontrolle entzogen, z.B. auch der administrativen Aufgaben.

In komplexen und großen Arbeitsorganisationen des öffentlichen
und des privaten Sektors besteht bei den derzeit vorherrschenden Wertorientierungen der Organisationsleitungen generell die
Tendenz zu einer Verstärkung der Zentralisierung und zur internen Kontrolle möglichst des gesamten Organisationsprogramms.
Die neue Technologie und ihre organisatorische Umsetzung bieten die Möglichkeit, auch solche Prozesse in die Kontrolle
einzubeziehen, die sich bisher mangels entsprechender

technischer Möglichkeiten oder wegen der zu hohen Kosten solcher Systeme einer Kontrolle entzogen haben. Die zuvor genannte Tendenz kann in Verbindung mit diesen Möglichkeiten und
verknüpft mit dem Bestreben, auch weiterhin Arbeitsaufgaben
möglichst weitgehend zu zerlegen und möglichst nach Verrichtungen zu differenzieren, zu einer völligen Veränderung eines
wesentlichen Teils jener Organisationspositionen und Organisationsrollen führen, für die bislang ein vergleichsweise
großer Handlungsspielraum gepaart mit entsprechenden Kompetenzen charakteristisch war. Es handelt sich hier um eine Entwicklung, die, wenn sie eintritt, keineswegs technologisch determiniert ist. Sie wird z.T. daraus resultieren, daß man die
gegebenen Gestaltungsmöglichkeiten einseitig und primär aus
der Sicht der Organisationsleitung und orientiert an einem
Höchstmaß an ökonomischer Rationalität zur Verstärkung der
Kontrolle des Organisationspersonals und nicht, was ebenfalls
möglich wäre, zur Ausweitung der Handlungsspielräume des Organisationspersonals verwendet.

5.2.4. Sozialer Wandel durch Organisationen

In Organisationen schlägt sich der erreichte Entwicklungs- und
Erkenntnisstand einer Gesellschaft oder relevanter gesellschaftlicher Gruppierungen nieder. Durch Organisationen werden
einmal bewährte Problemlösungen auf Dauer gestellt und neue
erprobt. In dem Ausmaß nun, wie Organisationen zur vorherrschenden Art zur Bewältigung von Lebens- und Überlebensprob-
lemen wurden, werden Organisationen selbst zu wichtigen Faktoren der weiteren gesellschaftlichen Entwicklung. Ob in einer
Gesellschaft mögliche Innovationen sich durchsetzen, auf welchen Gebieten sie angewandt werden und welche Konsequenzen sie
haben, hängt in modernen Gesellschaften mit davon ab, ob sich
Organisationen solcher innovatorischen Möglichkeiten bedienen
und für welche Zwecke sie sie einsetzen. Die Entwicklung der

elektronischen Datenverarbeitung und der Mikroprozessoren
sind hierfür Beispiele.

Neue Technologien setzen sich in breiter Front erst durch,
wenn Organisationen sich ihrer bemächtigen und sie für ihre
Zwecke nutzen. Das war bei der Eisenbahn und der Dampfmaschine
so, das war so beim Fließband, das war so beim Elektromotor,
das war aber auch so bei der Halbleitertechnik und bei der
Datenverarbeitung. Welche technisch möglichen Lösungen in
welcher Form in größerem Ausmaß eingesetzt werden und welche
Wandlungsprozesse sie hervorrufen, resultiert entscheidend
daraus, was Organisationen aus der verfügbaren Technik und
orientiert an ihren spezifischen Zielen machen.

Organisationen sind aber auch in anderer Weise Agenturen sozialen Wandels. Die Geschichte der Arbeiterbewegung und der
Gewerkschaften und die Geschichte der Parteien sind Beispiele
dafür. In dem Augenblick, wo die Durchsetzung von Ideen, Werten, Wissen und anderen kulturellen Komponenten auf Dauer nur
möglich ist, wenn sich Organisationen finden, die ihre Durchsetzung betreiben, hängen Ausmaß, Inhalt und Richtung sozialen
Wandels davon ab, ob es gelingt, Organisationen zu schaffen
oder existierende zu gewinnen, die sich diese Durchsetzung zur
Aufgabe machen. Auf Dauer stellen lassen sich neue Entwürfe
nur, wenn Organisationen sich diese zu eigen machen. Geschieht
dies, so erfahren die Entwürfe zugleich eine Veränderung, die
durch die Einbindung in Organisationsprogramme bedingt ist.
Welcher Art diese Veränderung ist, wird mit beeinflußt durch
den institutionellen Rahmen, der für das Handeln von Personen
und Organisationen in einer Gesellschaft maßgeblich ist.

Eine Bemerkung sei aber noch hinzugefügt: Technischer Fortschritt, wirtschaftliches Wachstum, marktwirtschaftliche Ordnung, arbeitsrechtliche und soziale Sicherung führen nicht
zwangsläufig und längst nicht in jedem Falle zu einer durch-

greifenden und anhaltenden Verbesserung der Arbeits- und Lebenssituation aller Bürger eines Landes. Sozialer Wandel ist nicht unbedingt gleichbedeutend mit sozialem Fortschritt. Die seit einigen Jahren zu verzeichnenden Wachstumsschwächen und Krisensymptome wesentlicher Industriegesellschaften und das seit Jahren nicht nur für die Wirtschaft der Bundesrepublik charakteristische gesamtwirtschaftliche Ungleichgewicht, gepaart mit hoher struktureller Arbeitslosigkeit, sind deutliche Anzeichen für gesellschaftliche Problemlagen und für bislang nicht gelöste Steuerungsprobleme auf gesamtwirtschaftlicher Ebene. Hieran zeigt sich, daß die privatwirtschaftlich angemessene und der Wirtschaftsordnung konforme Unternehmensstrategie, durch Rationalisierung und technologische Innovation die Rentabilität zu erhalten oder wieder herzustellen, nicht automatisch zu einer Lösung führt, sondern z.T. eine Verschärfung der zuvor genannten Probleme zur Folge hat. Einzelwirtschaftlich rationales Handelns im ökonomischen Sinne kann gesamtwirtschaftlich höchst irrationale Konsequenzen haben: Paradoxe Effekte, die sich auf der Ebene von Organisationen nicht beheben lassen.

Anmerkungen zu Kapitel 5:

1) In den folgenden Abschnitten wird vom Organisationstyp Arbeitsorganisation ausgegangen. Dies ist dann zu berücksichtigen, wenn versucht werden sollte, die Aussagen auf andere Typen von Organisationen zu übertragen. In diesen Fällen führt die hier vertretene theoretische Position dann zu anderen Konsequenzen, wenn der institutionelle Rahmen einer Organisation insgesamt oder mit Bezug auf bestimmte Gruppen von Organisationsangehörigen wesentlich anders ist.

2) In Anlehnung an: BÖSCHGES / LÜTKE-BORNEFELD (1977, S.62)

3+) Ein gutes und instruktives Beispiel für die Erklärungskraft dieses Ansatzes liefert BOUDON (1980, S. 92ff.) in der Rekonstruktion und Re-Interpretation der Studie von CROZIER über das 'bürokratische Phänomen'.

4+) Eine vortreffliche Analyse der z.T. paradoxen Wirkungen
    segmentärer und ambivalenter Rollen von Hochschullehrern
    und Intellektuellen gibt BOUDON (1980, S. 81-92).

5) Da es nicht möglich ist, alle Sichtweisen zu berücksich-
    tigen, wähle ich hier die Darstellung aus der 'Sicht'
    der Organisationsleitung als die oft dominierende.

6. Individuum und Organisation

6.1. Organisationsrollen und Individualität

Die aus den Organisationsprogrammen und aus den Organisationsvorschriften resultierenden, die Organisationsrollen definierenden Normen sowie die sie absichernden Sanktionen können
den einzelnen Organisationsangehörigen keine strikten, sie
in ihrem Handeln in der und für die Organisation ausschließlich bestimmenden Zwänge auferlegen. Sie nehmen dem einzelnen
Organisationsmitglied nicht jeden Handlungsspielraum. Die Organisationsrollen können zum einen nicht eindeutig genug definiert werden. Zum anderen reichen die Sanktionen nicht aus,
um dem individuellen Akteur jede Chance zu nehmen, nicht nur
den jeweiligen Rollenvorschriften gemäß zu handeln, sondern
auch seine privaten Interessen und Zielsetzungen ins Spiel
zu bringen. In Organisationen, zumal in Arbeitsorganisationen,
ist die Bereitschaft zur Kooperation ständig neu zu sichern,
wie bereits BARNARD (1976, S. 142-149) mit Nachdruck betonte.

6.1.1. Handlungsspielräume, Handlungschancen und Handlungsbereitschaft

Das Handeln der Organisationsangehörigen als individuelle Akteure, wie wir sie hinfort nennen wollen, um die hier vorherrschende Perspektive zu betonen, ist u.a. abhängig

> von den Rollennormen, ihrer möglichen Varianz und
> Ambivalenz;

> von dem segmentären Charakter der Rolle oder, mit
> anderen Worten, von den gebündelten Teilrollen und
> deren Verträglichkeit miteinander;

> von der jeweiligen Definition der Organisations-
> rolle;

> von der Bereitschaft des individuellen Akteurs,
> in seinem Handeln den Rollennormen und der spezi-
> fischen Definition der Organisationsrolle zu
> folgen;
>
> von den Leistungen der Organisation, die direkt
> oder indirekt dazu dienen, die Bereitschaft des
> individuellen Akteurs generell oder aktuell zu
> sichern, den Rollennormen sowie der spezifischen
> Definition der Organisationsrolle zu entsprechen.

Für die Bereitschaft des individuellen Akteurs, in seinem
Handeln den Organisationsrollen zu folgen und den Rollennormen zu entsprechen, sowie für die Beurteilung jener Leistungen der Organisation, welche diese Bereitschaft sichern
und stimulieren sollen, sind die Orientierungen der individuellen Akteure besonders wichtig. Diese <u>individuellen
Orientierungen</u> (im Falle von Arbeitsorganisationen: Berufs-
und Arbeitsorientierungen) umfassen zum einen

> die vom individuellen Akteur jeweils angestrebten
> <u>Ziele</u>, die wiederum von den anerkannten gesellschaft-
> lichen Werten sowie von den für bedeutsam gehaltenen
> Normen (Rollennormen und sonstige für den Akteur re-
> levante soziale Normen) beeinflußt werden,

und zum anderen

> die jeweiligen <u>Mittel</u> sachlicher, zeitlicher und
> sozialer Art, die der individuelle Akteur einzu-
> setzen bereit und in der Lage ist und die wiederum
> mitbedingt sind durch die jeweils wahrgenommenen
> Handlungsalternativen.

In den individuellen Orientierungen kommt die Lebensgeschich-
te der einzelnen Akteure, die zugleich eine Lerngeschichte
ist, zusammen mit der Verarbeitung des Lebensschicksals zum
Ausdruck. Die individuellen Orientierungen, insbesondere auch
die Berufs- und Arbeitsorientierungen, sind ein komplexes Produkt eines mehr oder minder langen Sozialisationsprozesses,
der sich sowohl außerhalb der Organisation selbst (z.B. in
Familie und Bildungseinrichtungen) als auch innerhalb der

Organisation in Form organisationsspezifischer Sozialisation
vollzieht.

Die individuellen Orientierungen sind aber nicht nur bedeutsam für die Bereitschaft der individuellen Akteure, ihre
"Organisationsrollen zu spielen", sie beeinflussen auch die
Wahrnehmung beruflicher oder organisatorischer Alternativen,
welche den Akteuren offenstehen. Sie beeinflussen ferner die
Wahrnehmung von Widersprüchen und Spielräumen in Organisationsrollen und die Bereitschaft der individuellen Akteure,
diese Widersprüche und Spielräume eigenen Interessen und
Zielen dienstbar zu machen.

Was der individuelle Akteur aus den jeweils vorfindlichen
Gegebenheiten einer Organisationsrolle macht, wie er diese
definiert und wie er sie schließlich spielt, ist nicht nur
von der jeweiligen Organisationsstruktur abhängig, sondern
auch von der wechselseitigen Verschränkung mit den anderen
individuellen Akteuren in der Organisation.

Sofern die dem individuellen Akteur im Rahmen des Organisationsprogramms zur Erstellung der Organisationsleistungen als
Organisationsrolle zur Erledigung zugewiesenen Aufgaben
nicht - wie z.B. bei starrer Fließbandarbeit im Kraftfahr-
zeugbau - durch Zweckprogramme und Normung sowie durch die
Organisationstechnologie in Verbindung mit den Organisationsvorschriften eindeutig festgelegt sind, hängt der an organisationsspezifischen und von der Organisationsleitung definierten Kriterien gemessene Erfolg des Handelns individueller
Akteure im Rahmen der Organisation in erheblichem Maße ab

> von der Handlungskompetenz des individuellen
> Akteurs, nämlich von seinen organisationsrelevanten
> Kenntnissen, Fähigkeiten und Erfahrungen,

von den aktuellen, auf die jeweilige Arbeits-
oder Handlungssituation bezogenen Handlungs-
oder Arbeitsorientierungen,

sowie von den jeweiligen spezifischen Handlungs-
intentionen der jeweiligen Einzelhandlung (bestimmt nach den Zwecken der Handlung unter Berücksichtigung möglicher Handlungen der anderen Organisationsangehörigen in einer konkreten Handlungssituation).

In solchen Fällen gewinnt eine, unmittelbar oder mittelbar,
auf die Organisationsleistungen ausgerichtete Motivation der
individuellen Akteure, verstanden als Handlungsbereitschaft,
für alle Organisationsangehörigen an Gewicht, die an der Sicherung der Existenz der Organisation durch eine den Organisationszielen angemessene Organisationsleistung interessiert
sind. Auf welche Weise diese Bereitschaft des individuellen
Akteurs zustande kommt und wie intensiv und auf welche Ziele
gerichtet die in dieser Bereitschaft zum Ausdruck kommende
Bindung an die Organisation ist, ist solange für die Organisationsleitung wie für die übrigen Organisationsangehörigen
gleichgültig, wie diese Handlungsbereitschaft für die zu erbringenden Leistungen des individuellen Akteurs im Rahmen
seiner Organisationsrolle ausreicht.

D. KATZ und R.L. KAHN haben in einer umfassenden Studie zahlreiche Möglichkeiten untersucht, die bei individuellen Akteuren als Organisationsangehörigen die Bereitschaft fördern,
im Sinne der Organisationsrolle zu handeln. Sie fassen das
Ergebnis ihrer Analyse zu vier Motivationsmustern (motive
patterns) zusammen. Jedes dieser Muster genügt, die Kooperation in Organisationen zu gewährleisten. Die vier Motivationsmuster sind (1966, S. 388f.):

arbeitsvertragsbedingte Bereitschaft (legal compliance),
beruhend auf dem Herrschaftsverhältnis und gesichert
durch Strafandrohung,

<u>instrumentelle Befriedigung</u> (instrumental satis-
faction), beruhend auf den angebotenen Belohnungen
und abhängig von diesen und deren Ausmaß im Verhältnis zur zu erbringenden Leistung,

<u>Selbstverwirklichung</u> (self-expression), beruhend
auf der Identifikation mit der Organisationsrolle,
der Arbeitsaufgabe,

<u>Internalisierung der Organisationsziele</u>, beruhend
auf der individuellen Identifikation mit der Organisation und ihren Zielen.

Entlang diesen vier Mustern nimmt die Einbindung in die Organisation und die Bindung an die Organisation für den individuellen Akteur zu und wächst damit zugleich die Bedeutung,
die der Organisation im Lebenszusammenhang der Individuen
zukommt. Die Identifikation mit der Organisationsrolle und
der Organisation selbst ist bei jenen individuellen Akteuren
wohl am ausgeprägtesten, die die Organisationsziele internali-
siert haben oder die sich mit der Organisationsrolle identifizieren; sie ist geringer bei jenen individuellen Akteuren,
die ihre Tätigkeit in der und für die Organisation im Rahmen der Organisationsrolle instrumentell definieren, und am
geringsten wohl bei jenen, die nur unter Strafandrohung an
die Organisationsrolle gebunden sind.

Zu bedenken ist allerdings, daß die hier vorgestellten Motivationsmuster, mit denen sich das Handeln individueller Akteure in Organisationen vielleicht beschreiben oder gar erklären läßt, selbst wiederum rückgebunden sind an die Organisationsstruktur und ihre Einwirkung auf den individuellen Akteur im Zuge des organisationsspezifischen Sozialisationsprozesses. Auch dürfen die Motivationsmuster nicht als reali-
stische Beschreibung tatsächlich handlungsleitender Motivstrukturen konkreter individueller Akteure in konkreten Situationen in konkreten Organisationen mißdeutet werden. Es
handelt sich um theoretische Konstrukte, Gedankengebilde,

die nicht zur Beschreibung konkreter Motivationsstrukturen
einzelner Personen entworfen wurden, sondern vom Einzelfall
abstrahierend Bündel denkbarer Motivstrukturen typisierend
zusammenfassen. Darüber hinaus ist zu berücksichtigen, daß
die diesen Motivationsmustern zugeschriebene 'Erklärungskraft' abhängt von dem 'Persönlichkeitsmodell', welches man
seinen Forschungen zugrundelegt.

Begreift man 'Persönlichkeit' als Ausdruck stabiler, angebore-
ner, zwar Reifungsprozessen unterliegender aber wenig wandel-
barer Dispositionen des Verhaltens von Individuen, so ist man
geneigt, in diesen Motivationsmustern personengebundene und
über Situationen hinweg stabile Motivationsstrukturen zu sehen. In gleicher Weise wird man diese Motivationsmuster dann
interpretieren, wenn man 'Persönlichkeit' ansieht als lediglich in frühen Entwicklungsphasen beeinfluß- und gestaltbaren
'Persönlichkeitskern'. Begreift man Persönlichkeit als 'individuelles', zwar durch Anlage bedingtes, aber vorrangig durch
Entwicklung und Umwelteinflüsse geprägtes 'Interpretations-
schema' eigenen und fremden Verhaltens, so können diese Motivationsmuster sowohl situations- wie personengebunden sein.
Ähnliches gilt, wenn man Persönlichkeit versteht als in aktiver Auseinandersetzung mit wechselnden Umwelten sich wandelnde Personen- und Verhaltensdispositionen und damit ein Konzept
wählt, welches soziologischen Sozialisationstheorien zugrundeliegt.

6.1.2. <u>Thesen zum Zusammenhang von Organisationsrolle
und Individualität</u>

Aufgrund der hier gewählten analytischen Perspektive und der
hier vertretenen theoretischen Position läßt sich der Zusammenhang von Organisationsrolle und Individualität in folgenden
Thesen [1] einigermaßen treffsicher beschreiben, zumal sie

durch vorliegende empirische Untersuchungen gestützt werden:

Die Gleichsetzung von Rollennormen, wie sie durch die Organisationsvorschriften festgelegt und durch die Organisationsleitung bestimmt werden, mit dem tatsächlichen Handeln der individuellen Akteure in Organisationen widerspricht allen empirischen Befunden; kein individueller Akteur handelt im Rahmen seiner Organisationsrolle immer und in jedem Falle genau entsprechend den definierten Organisationsrollen (vgl. Kap. 5.1.2, 5.1.3).

Der Anteil der Eigendefinition an der Organisationsrolle (vgl. Kap. 5.1.1) wächst mit dem Anteil planender und leitender Funktionen, er sinkt mit steigendem Anteil ausführender Funktionen (vgl. Kap. 4.2, insbesondere 4.2.1, 4.2.3, 4.2.4).

Die individuelle Interpretationschance der Organisationsrolle ist um so größer, je größer der - mangels hinreichend genauer Definition einer Rolle - gegebene Anteil an Eigendefinition ist (vgl. Kap. 5.1.1). Auf diesen Zusammenhang ist es insbesondere zurückzuführen,daß der Anteil an Eigendefinitionen, wie in der vorhergehenden These behauptet, mit dem Anteil planender und leitender Funktionen wächst, weil sich diese Funktionen einer genauen Definition in aller Regel entziehen.

Das Verhältnis von Organisationsrolle und Individualität, verstanden als dem individuellen Akteur jeweils zukommender Gestaltungsspielraum und mögliche Interpretationschance, variiert zum einen mit dem Organisationstypus (vgl. Kap. 3.6.2), insbesondere mit den Organisationszielen und den Organisationsprogrammen, aber auch mit der Position des individuellen Akteurs in der Organisationsstruktur (vgl. Kap. 3.5, 4.2).

Es besteht in aller Regel ein Interdependenzverhältnis zwischen Organisationsrolle und individuellem Akteur derart, daß zum einen der individuelle Akteur die Rolle unter den wahrgenommenen Möglichkeiten nach seinen Intentionen variiert, daß aber zum anderen die gespielte Rolle wiederum zur Veränderung der Persönlichkeit des individuellen Akteurs führt, insbesondere seiner Wahrnehmungen, seiner Orientierungen und seiner Qualifikationen (vgl. Kap. 2.3, 3.5).

In manchen Organisationen werden organisationsspezifische Sozialisationsprozesse seitens der Organisationsleitung gezielt eingesetzt, um die Differenz zwischen Organisationsrolle und Verhaltensdisposition des individuellen Akteurs im Interesse der Steuerbarkeit der Organisation zu verringern (vgl. Kap. 2.3, 4.2).

Die Rückwirkung der Organisationsrolle auf den individuellen Akteur dürfte umso größer sein, je mehr sich der individuelle Akteur mit der Organisation oder der Organisationsposition identifiziert (vgl. Kap. 2.2.6).

Die Organisationsleitungen privater wie öffentlich-rechtlicher Arbeitsorganisationen tendieren in der Regel dahin, die Verhaltenskontrolle der Organisationsleitung soweit wie möglich zu Lasten der Gestaltungsspielräume und Interpretationschancen der individuellen Akteure überall dort zu beschränken, wo dies ohne Folgen für die Wirksamkeit der Organisationsprogramme möglich ist (vgl. Kap. 5.2.3).

Das Ausmaß möglicher Diskrepanzen zwischen Organisationsrolle auf der einen, individuellen Dispositionen und Intentionen der Akteure auf der anderen Seite ist nicht unabhängig von der jeweiligen Herrschaftsverfassung einer Organisation und variiert insbesondere mit der Chance der individuellen Akteure, an der Organisationsleitung teilzunehmen oder auf diese im Hinblick

auf ihre eigenen Intentionen Einfluß nehmen zu können (vgl.
Kap. 2.2.5, 4.2.3).

Vermittels individueller Strategien ist den Gefährdungen der
Individualität nur in Organisationspositionen mit relativ hohem Status oder von solchen Akteuren zu begegnen, die über
knappe, aber von der Organisationsleitung oder anderen relevanten Gruppen begehrte Qualifikationen oder andere Ressourcen verfügen; ansonsten bedarf es hierzu in der Regel kollek-
tiver Strategien (vgl. Kap. 4.2.4).

6.2. Funktionen und Folgen von Organisations-
mitgliedschaften

6.2.1. Bemerkungen zur Bedeutung von Organisations-
mitgliedschaften

Ein Netzwerk von Organisationen bindet die einzelnen Mitglieder unserer Gesellschaft und ihre verschiedenen Gruppierungen
ein in eine Vielzahl wechselseitig miteinander verbundener
Aktivitäten und verkettet sie miteinander (vgl. Kap. 2.2.1).
Als Instanzen der Sozialisation und sozialer Kontrolle wirken
diese Organisationen auf die individuellen Akteure ein, beeinflussen sie in ihrem Verhalten und tragen mit bei zur Veränderung ihrer 'Persönlichkeitskerne' oder 'Verhaltensdispositionen' (vgl. Kap. 2.3.1). Die Zugehörigkeit zu einer Organisation setzt den einzelnen Akteur Einflüssen und Wirkungen
aus, die bestimmt sind von charakteristischen Eigenschaften
der jeweiligen Organisation und der in ihr verbundenen Akteure.
Je nach der Einbindung in die verschiedenen Organisationen und
der Bedeutung, die diese im Lebenszusammenhang für den einzelnen Akteur haben, ergeben sich recht verschiedenartige und
recht verschieden wirksame Einflüsse.

Besonders wichtig sind in modernen Gesellschaften für den berufstätigen erwachsenen Bürger jene Organisationen, in denen er seinem Berufe nachgeht und seinen Lebensunterhalt erwirbt. Zusammen mit dem Beruf und der Organisationsposition, die ein individueller Akteur einnimmt, bestimmt die Arbeitsorganisation entscheidend den Platz in der Gesellschaft, in der Ortsgesellschaft ebenso wie in der Gesamtgesellschaft. Von ihr hängen in Verbindung mit dem ausgeübten Beruf in erheblichem Umfange ab

Art, Höhe und Sicherheit des Einkommens,

gesellschaftlicher Status und soziales Prestige,

Lebenslage und Lebensstil,

Bildungs-, Berufs- und Lebenschancen der Kinder.

Sie beeinflußt auch das Ausmaß des möglichen Einflusses und Zugriffs auf Menschen, Ressourcen und Institutionen sowie andere Organisationen. Sie ist von Bedeutung für den Grad an Autonomie, an Freiheit von Fremdbestimmung und an Chancen zur Selbstverwirklichung in Arbeit und Freizeit und damit für die Lebenszufriedenheit. Die berufliche Tätigkeit in einer Arbeitsorganisation wirkt ein auf Umfang, Art und Inhalt möglicher Kontakte und Interaktionen mit anderen Akteuren und anderen Gruppen der Gesellschaft. Sie spielt eine wichtige Rolle beim Aufbau sozialer Beziehungen und Kontaktkreise und erschließt den Zugang zu anderen Organisationen. Von der Arbeitsorganisation und der Position in ihr werden die Karrierechancen ebenso mitbedingt wie Richtung und Ausmaß gesellschaftlichen Aufstiegs und der Grad der sozialen Integration und Isolation.

Für Kinder und Jugendliche haben die Bildungs- und Ausbildungsorganisationen ähnliche Bedeutung wie für den erwachsenen Akteur die Arbeitsorganisation, in der er tätig ist. Für kranke und ältere Menschen, die in Heimen oder Anstalten untergebracht sind, haben diese Organisationen eine ähnliche Bedeutung. Generell läßt sich sagen, daß die Zugehörigkeit zu einer Organisation für den einzelnen Akteur umso gewichtiger in seinem Lebenszusammenhang und für ihn als Persönlichkeit ist, je mehr er auf die Zugehörigkeit zu der Organisation wegen der Leistungen angewiesen ist, die sie für ihn erbringt, oder der Möglichkeiten, die sie ihm eröffnet, oder der Sicherheit, die sie ihm bietet.

6.2.2. Beispiel: Das Wohnstift als soziale Organisation

Als Beispiel für diese Zusammenhänge nachstehend ein Auszug aus "Wohnstift als Lebensraum" (BÜSCHGES, 1979, S.116-130):

Das Wohnstift als soziale Organisation

Aus organisationssoziologischer Sicht sind die Wohnstifte des Collegium Augustinum Organisationen: Zur Verwirklichung spezifischer Zwecke geschaffene, planmäßig gestaltete, herrschaftlich verfaßte, komplexe und relativ dauerhafte soziale Gebilde, in denen Menschen verschiedener Herkunft und mit unterschiedlichen Interessen zusammenarbeiten. Von anderen sozialen Gebilden, wie z.B. Familien, Freundeskreise und Gemeinden, unterscheiden sich Organisationen - und damit auch die Wohnstifte - zunächst durch ihren spezifischen Zweck, dem Sie Entstehung, Bestand und Entwicklung verdanken, hier: Beherbergung, Versorgung und Pflege älterer Menschen. Als weitere typische Merkmale kommen hinzu

formalisierte Mitgliedschaftsbedingungen unter Einschluß der Ein- und Austrittsregelungen, hier: Hausordnung, Beherbergungsvertrag, Arbeitsvertrag;

festliegende Arbeitsprogramme, hier: Beherbergung, Verpflegung, soziale, pflegerische, therapeutische und

medizinische Versorgung, kulturelle Betreuung und seel-
sorgerische Beratung der Stiftsbewohner;

arbeitsteilig differenzierte, gegeneinander abgegrenzte
und zugleich aufeinander bezogene Positionen und Aufgaben
der Mitglieder, hier: Stiftsbewohner auf der einen Seite,
Stiftspersonal auf der anderen, umfassend das Küchen- und
Servicepersonal, die Hausdame und die Etagendamen, den
Stiftsarzt und die Stiftsschwestern, das Wäscherei- und
Reinigungspersonal, die Handwerker, das Sozial- und Kul-
turreferat, die Administration und den Stiftspfarrer;

spezialisierter, Integration und Kooperation der Mitglieder sichernder Verwaltungsstab, hier: Stiftsleitung und
Stiftsbeirat.

Diese Merkmale prägen die Sozialstruktur des Wohnstifts: das
relativ beständige, Regelmäßigkeiten des sozialen Handelns
widerspiegelnde Geflecht sozialer Beziehungen, Einflußnahmen
und Interaktionen zwischen den Organisationsmitgliedern, hier:
der Stiftsleitung, dem Stiftspersonal und den Stiftsbewohnern, das die Organisation als soziales Handlungssystem steuert und das sich im Handeln der Organisationsmitglieder nie-
derschlägt. Von besonderer Bedeutung für die Situation der
Organisationsmitglieder, hier der Stiftsbewohner und des
Stiftspersonals sowie der Stiftsleitung, für ihre Handlungsspielräume und ihre Einflußchancen sowie für ihre Zufriedenheit sind neben den baulichen und technischen Gegebenheiten
die Organisationsvorschriften, die Organisationsprogramme,
die Personalstruktur sowie, nicht zuletzt, die Autoritäts-
und Kontrollstruktur. Sie bestimmen entscheidend den Charakter, der dem Wohnstift als Lebensraum der Stiftsbewohner zukommt, sowie die Chancen, die das Wohnstift dem Stiftsbewohner zur Verwirklichung seiner Lebensziele, zur Befriedigung
seiner Lebensbedürfnisse sowie zur Bewältigung seiner Alterns-
probleme bietet.

Von erwerbswirtschaftlichen Organisationen, auch solchen, die
sich der Altenhilfe widmen, unterscheiden sich die Wohnstifte
durch ihren gemeinnützigen Charakter. Von anderen Dienstlei-
stungsorganisationen auf dem sozialpolitischen Sektor heben
sie sich durch ihren spezifischen Organisationszweck ab: den
Bau und den Betrieb von Appartement-Wohnanlagen nebst dazuge-
höriger Gemeinschaftseinrichtungen für ältere Menschen und
die damit verknüpfte Bereitstellung eines umfangreichen Angebotes an Dienstleistungen verschiedener Art. Von vielen Institutionen der stationären Altenhilfe unterscheidet sie ihre
Ausrichtung auf "ältere Menschen, die im Ruhestand sicher,
ungebunden, individuell und aktiv leben wollen" (Presse-In-
formation des Wohnstift Augustinum Dortmund anläßlich des
Richtfestes am 10. Juni 1977) und die in der Regel selbst
oder mit Hilfe von Familienangehörigen ihren Unterhalt finan-
zieren, ihre besondere architektonische Gestaltung und ihre
auf die Lebensbedürfnisse älterer Menschen abgestimmte technische Einrichtung, die Zusage lebenslanger Beherbergung, Versorgung und Pflege auch bei Verschlechterung des Gesundheits-
zustandes sowie die vom jeweiligen Bedarf oder von den jeweiligen Wünschen der Stiftsbewohner bestimmte Kombination ange-
botener Dienstleistungen. Hinzu kommt als Spezifikum die zwar
überkonfessionelle, doch betont christliche und in der Bezug-
nahme auf Aurelius Augustinus zum Ausdruck gebrachte Orientierung.

In ihren Organisationsvorschriften folgen die Wohnstifte weitgehend dem Leitbild des aktiven, auch im Alter noch selbstbe-
wußten, auf seine Selbständigkeit bedachten, eher Hilfe zur
Selbsthilfe als totale Versorgung anstrebenden, persönliche
Freiheit schätzenden und lediglich für die altersbedingten
gesundheitlichen Defizite und körperlichen Beschwerden Entlastung suchenden Senioren, der finanziell fremder Hilfe nicht
bedarf, seinem Lebensstil gemäß auch in der nachelterlichen und
nachberuflichen Phase des Lebenslaufs leben möchte, jedoch

rechtzeitig für den Fall <u>Vorsorge</u> trifft, daß ihn Krankheiten
und altersbedingte Veränderungen der psychophysischen Leistungsfähigkeit auf fremde Hilfe oder gar ständige Pflege angewiesen sein lassen oder daß er durch den Verlust relevanter
Interaktionspartner und Bezugspersonen sozial vereinsamen
könnte. Demgemäß zeichnen sich die <u>Hausordnungen</u> der Wohnstifte
durch das Bemühen aus, die individuelle <u>Gestaltungsfreiheit</u>
der Stiftsbewohner möglichst wenig zu beschneiden, die Privat-
sphäre zu schützen, die gegenseitigen Rechte und Pflichten sowie das Dienstleistungsangebot möglichst eindeutig zu bestimmen, die Appartementkontrollen und sonstigen Eingriffe in die
<u>Privatsphäre</u> zu begrenzen und an feste Regeln zu binden und
nur solche Verhaltensweisen verbindlich vorzuschreiben oder
zu verbieten, die im Interesse möglichst reibungslosen Zu-
sammenlebens einer großen Zahl von Menschen erforderlich sind
bzw. ein solches behindern könnten.
Wenn dennoch die Hausordnungen recht umfangreich sind, so
zeigt sich daran, daß der Eintritt in eine Organisation immer
mit einer Beschneidung individueller Freiheiten verbunden ist
und daß die durch die Gründung von Organisationen oft überhaupt erst mögliche Bereitstellung eines Dienstleistungsangebotes zu noch finanzierbaren Kosten auch ihren Preis hat, der
in der damit nahezu zwangsläufig verknüpften Zunahme von Reglementierung besteht. Diese Konsequenz der Problemlösung in
und durch Organisationen trifft die Stiftsbewohner ungleich
mehr als das Stiftspersonal, weil für sie das Wohnstift jenen
Lebensraum darstellt, in dem sie, wenn nicht die meiste, so
doch einen großen Teil ihrer noch verbliebenen Lebenszeit verbringen.

Auch das <u>Organisationsprogramm</u> der Wohnstifte folgt dem zuvor
umrissenen Leitbild. Ihm entspricht das Angebot einer Anzahl
verschieden großer, den Bedürfnissen älterer Menschen entsprechend ausgestatteter, individuell zu möblierender <u>Apparte-
ments</u>, die Bereitstellung eines nur z.T. verbindlichen

Angebotes an Dienstleistungen zur "Entlastung von den Mühen
der Haushaltsführung" sowie zur Sicherung der "medizinischen
Betreuung und Pflege im Krankheitsfall", verbunden mit dem
"Angebot einer geistigen, geistlichen und geselligen Gemeinschaft" (ROCKERT, 13) und die Zusage lebenslanger Pflege und
Versorgung. Da der einzelne Stiftsbewohner nach seinen Wünschen oder Bedürfnissen unter dem Dienstleistungsangebot wäh-
len kann, sind die Wohnstifte für den einen (nach der Termi-
nologie von DIECK) Altenwohnheim mit Serviceleistungen, für
den anderen Altenheim für rüstige Bewohner, für den dritten
Altenheim mit Leichtpflege, für den vierten Pflegeheim mit
Versorgungspflege und für den fünften gar zeitweise Kranken-
heim. Diese breite Angebotspalette gibt dem einzelnen Stiftsbewohner die Gewähr für den Verbleib im Wohnstift auch dann,
wenn altersbedingt seine Gebrechen zunehmen, seine Hilfsbedürftigkeit wächst, seine Aktivität abnimmt oder chronische
Krankheiten ständige Pflege notwendig machen. Damit ist zugleich für viele die Gewißheit verbunden, daß mit dem Einzug
ins Wohnstift geknüpfte soziale Kontakte und freundschaftli-
che Beziehungen auch dann erhalten bleiben, wenn sich der
eigene Gesundheitszustand verschlechtert und das Aktivitäts-
potential nachläßt.

Andererseits unterstreicht diese Angebotsbreite den Charakter
des Wohnstiftes als Lebensraum der letzten Phase des Lebenslaufs und weist auf die damit in aller Regel und auf die
Dauer verbundene Verminderung der psychophysischen Leistungsfähigkeit hin. Darin liegt eine Symbolik, die der Endlichkeit
und Vergänglichkeit menschlicher Existenz zwar eher entspricht und gerecht wird, als die Utopie eines langen liebens-
werten Lebens, eines "Long Lovely Life", die aber allzuleicht
in Konflikt gerät mit der in unserer Gesellschaft weitver-
breiteten Verdrängung des Todes und der Gebrechlichkeit des
Greisenalters. Sie kann zur Folge haben, daß es nicht in
erster Linie die eigentliche Zielgruppe aktiver, selbstbe-

wußter älterer Menschen ist, die als Mitglieder in die Organisation eintritt und als Stiftsbewohner ein Appartement im Wohnheim bezieht, sondern jene Gruppe älterer Menschen, deren "Hilfsbedürftigkeit infolge hohen Alters oder Krankheit ... ständiges Angewiesensein auf teilweise Versorgung und Betreuung" bedingt oder "volle Versorgung, Betreuung und pflegerische Hilfe in Teilbereichen" (HARTMANN, 143). Aber selbst wenn es gelingt, die das Leitbild abgebende Zielgruppe zu erreichen, wird sich im Laufe der Zeit zwangsläufig eine Verschiebung hin zu einem Mehr an Leichtpflege, Versorgungspflege und Krankenpflege ergeben, weil das Alter der Stiftsbewohner ansteigt und die altersbedingten Defizite zunehmen. Die Sicherung der Beherbergung und Versorgung bis zum Lebensende hat in diesem Falle nämlich zur Folge, daß die Anzahl möglicher Neuzugänge nicht ausreicht, der Erhöhung des Lebensalters der Stiftsbewohner entgegenzuwirken. So erhöhte sich z.B. das Durchschnittsalter der Stiftsbewohner im Wohnstift Neufriedenheim von 77 Jahren im Jahre 1969 auf 80 Jahre im Jahre 1976, obwohl das Durchschnittsalter der neueinziehenden Stiftsbewohner jeweils wesentlich niedriger war als das der verstorbenen.

Die Personalstruktur ist ein getreues Spiegelbild des Organisationsprogramms. Drei Gruppen von Mitgliedern gehören zur Organisation Wohnstift, die sich hinsichtlich der Bedeutung der Organisation für ihr Leben, ihre Position in der Organisation und ihre Aufgaben grundlegend unterscheiden: die Stiftsbewohner, denen die Dienstleistungen des Wohnstiftes gelten und die insofern Kunden, Klienten oder "Objekte" der Organisation sind und die die Kosten der Organisation und ihrer Leistungen zu tragen haben, das Stiftspersonal, dem die Dienstleistungen sowie deren Bereitstellung und Sicherung obliegen, und die Stiftsleitung, die für die Durchsetzung der Organisationsziele und die Sicherung des Bestandes und der Entwicklung der Organisation verantwortlich ist.

Für das Leben der <u>Stiftsbewohner</u> ist das Wohnstift von zentraler Bedeutung. Hier verbringen sie ihren Lebensabend, hier haben sie ihren <u>Wohnsitz</u> und ihren <u>privaten Bereich</u>. Je geringer ihre Kontakte und Beziehungen nach außen sind, je mehr sie der Betreuung, Versorgung und Pflege bedürfen, je knapper ihre verfügbaren Mittel sind und je eingeschränkter ihre Mobilität und ihr Aktionspotential sind, um so mehr sind sie für die Verwirklichung ihrer Lebensziele und für die Befriedigung ihrer Bedürfnisse auf das Wohnstift und auf die Dienstleistungen des Stiftspersonals angewiesen. Die mit der Dauer des Wohnens im Wohnstift wachsende Bindung an dieses und die daraus resultierende soziale Abhängigkeit sind um so geringer, je größer die finanziellen und sozialen Ressourcen des Stiftsbewohners sind, je fester er in ein Netzwerk sozialer Beziehungen außerhalb des Wohnstiftes integriert ist und je besser sein Gesundheitszustand ist. Die Interessen der Stiftsbewohner sind außerdem häufig widersprüchlich. Auf der einen Seite legen sie Wert auf einen individuellen Lebensstil, auf möglichst wenig standardisierte und individuelle Verpflegung, Versorgung, Pflege, Betreuung und Beratung, auf der anderen Seite legen aber ihre finanziellen Mittel ein Interesse an möglichst niedrigen Kosten und nicht zu hohen Pensionspreisen nahe. Setzt ersteres eine entsprechende Ausweitung des Dienstleistungsangebotes und zugleich des Personals voraus, so verlangt letzteres eine möglichst rationelle und ökonomische, wenig und vorwiegend geringer qualifiziertes Personal erfordernde Gestaltung der Dienstleistungen.
Für das <u>Stiftspersonal</u> ist das Wohnstift keineswegs von so zentraler Bedeutung wie für die Stiftsbewohner. Sie gehen hier ihrer <u>Berufsarbeit</u> nach und verdienen damit ihren Lebensunterhalt. Sie sind darüber hinaus aber außerhalb des Wohnstiftes in mannigfache soziale Bezüge eingebunden und für die Verwirklichung ihrer Lebensziele wie für die Befriedigung ihrer zahlreichen Bedürfnisse nicht ausschließlich oder primär auf die Tätigkeit im Wohnstift angewiesen. Welche Bedeutung

dem Wohnstift und ihrer Arbeit im Wohnstift für ihre Lebensorientierung und ihre Arbeitszufriedenheit zukommt, hängt u.a.
davon ab, aus welchen Gründen sie berufstätig sind, welche
Erwartungen sie mit ihrer Tätigkeit im Wohnstift verbinden,
wie stark sie sich mit ihrer Berufsaufgabe sowie mit dem
Wohnstift und seinen Zielen identifizieren, welches Gewicht
die Dienstleistungsaufgaben für sie haben und welche Befriedigung ihnen die Betreuung von und die Sorge für ältere Menschen gibt. Auch spielen hierbei die Art der Tätigkeit und
die Gestaltung der Arbeitsbedingungen, das Verhältnis zu
den jeweiligen Vorgesetzten und zu den Arbeitskollegen sowie
zu den zu betreuenden Stiftsbewohnern, die Bezahlung und
die Sozialleistungen, die beruflichen Qualifikationen, die
bisherige Arbeits- und Berufserfahrung und schließlich die
vorhandenen beruflichen Alternativen eine wichtige Rolle.
Mangels entsprechender empirischer Daten lassen sich hinreichend treffsichere Aussagen über diese Zusammenhänge und
deren Folgen für die Wahrnehmung der Arbeitsaufgaben sowie
für den Umgang mit den Stiftsbewohnern nicht machen. Vorliegende Daten aus Untersuchungen in Einrichtungen der stationären Altershilfe sprechen aber dafür, daß für die Zufriedenheit der Bewohner mit ihrer Lebenssituation die fachliche
Qualifikation des Personals und seine Einstellung zum alten
Menschen von besonderem Gewicht sind.
Für die Stiftsleitung, die dritte Mitgliedergruppe, stellt
sich die Bedeutung des Wohnstiftes und ihrer Berufsfähigkeit
in dem und für das Wohnstift aufgrund ihrer herausgehobenen
Position und der damit verbundenen Leitungsfunktionen wiederum anders dar. Sie leitet im Auftrag des Trägervereins und
des Generalrats des Collegium Augustinum das Wohnstift. Sie
ist dem Träger verantwortlich für die Verwirklichung der
Organisationsziele, für die Sicherung des Bestandes und der
Entwicklung des Wohnstiftes. Sie hat für die sachgerechte
Abwicklung des Organisationsprogramms Sorge zu tragen und
auf die Beachtung der Organisationsvorschriften hinzuwirken.

Sie muß auf den Ausgleich von Ausgaben und Einnahmen bedacht
sein und die Entwicklung der Kosten kontrollieren. Sie bestimmt durch ihren Sachverstand und ihren Führungsstil das
Klima im Wohnstift entscheidend mit. Durch ihre Entscheidungskompetenzen übt sie großen Einfluß auf die Zusammenarbeit des Stiftspersonals sowie auf das Zusammenleben und die
Zufriedenheit der Stiftsbewohner aus. Vom Verhältnis der
Stiftsleitung zum Stiftsbeirat, dem Vertretungsorgan der
Stiftsbewohner, und zur Mitarbeitervertretung, dem Mitwirkungsorgan des Stiftspersonals, von ihren Vorstellungen von
den Lebenszielen und den Lebensbedürfnissen sowie von den
Eigenarten älterer Menschen, von ihren fachlichen und menschlichen Qualitäten und von ihrer Bereitschaft, den Interessen
der Stiftsbewohner auch dann Rechnung zu tragen, wenn sie
mit der technisch und ökonomisch definierten Organisations-
rationalität konfligieren, hängt es in hohem Maße ab, welche
Möglichkeiten das Wohnstift den Stiftsbewohnern als Lebensraum bietet und welcher Entfaltungsspielraum ihnen trotz des
mit Organisationen zwangsläufig verbundenen Trends zu zunehmender Reglementierung und Bürokratisierung bleibt. Dabei ist
es für die Stiftsbewohner wie für das Stiftspersonal besonders wichtig zu wissen, an welchen Personen und Institutionen
innerhalb und außerhalb des Wohnstiftes sich die Stiftsleitung in ihrem Handeln in erster Linie orientiert und welchen
im Konfliktsfall das jeweils größere Gewicht zukommt: dem
Vorstand des Generalrats des Collegium Augustinum oder einzelnen seiner Mitglieder, den Direktoren der Gesamtverwaltung,
den Mitgliedern des Stiftsbeirats, den Vorstellungen der So-
zial- und Kulturadministration, der Wirtschaftsadministration,
des Stiftsarztes, des Pflegedienstes oder des Stiftspfarrers
oder ausgewählten Gruppen von Stiftsbewohnern. Von dieser
Orientierung dürften Art und Richtung der Regelung oder Behandlung von Konflikten, die jeweils zur Wahl stehenden Lö-
sungsalternativen sowie Möglichkeiten und Grenzen des Ausgleichs von Interessenunterschieden entscheidend beeinflußt
werden.

Wie jede Organisation verfügen auch die Wohnstifte über eine
Autoritäts- und Kontrollstruktur. Sie soll dazu dienen, die
kontinuierliche, den Zielen und Aufgaben des Wohnstiftes entsprechende, mit den Organisationsvorschriften übereinstimmen-
de Kooperation des Stiftspersonals zur Verwirklichung des
Organisationsprogramms zu gewährleisten, sie zu steuern und
gegebenenfalls veränderten Bedingungen anzupassen. Sie stellt
ein Koordinations- und Kontrollsystem dar, das Ober-, Neben-
und Unterordnungsbeziehungen zwischen den Mitarbeitern des
Wohnstiftes begründet, Aufgabenbereiche und Weisungsbefugnisse sowie Berichts- und Rechenschaftspflichten zuteilt, Kompetenzen abgrenzt und Vollmachten abstuft. Sie verwandelt die
an den Dienstleistungsaufgaben des Wohnstiftes ausgerichtete
arbeitsteilige Zusammenarbeit des Stiftspersonals in eine solche von rangmäßig geschiedenen, durch Unterschiede in der
Autorität und ihren Quellen voneinander abgehobenen Trägern
von Herrschaftsrollen mit den Mitgliedern der Stiftsleitung
an der Spitze der Hierarchie und den nur ausführend tätigen
Mitarbeitern an der Basis der hierarchischen Pyramide. Dabei
ist es für die Art der Zusammenarbeit nicht unerheblich, ob
die den Mitarbeitern in den verschiedenen Positionen zukommende Autorität lediglich auf dem übertragenen Amte beruht
(Amts- oder positionale Autorität) oder auch - oder nur - auf
der zuerkannten oder erwiesenen Sachverständigkeit (sach-
oder funktionale Autorität) oder gar auf besonderen persönlichen Eigenschaften (charismatische oder personale Autorität).
Während die Amtsautorität ihre Rechtfertigung lediglich aus
der Amtsübertragung durch die oberste Leitungsinstanz der Wohnstifte bezieht und deswegen in ihrer Wirkung davon abhängt,
ob und inwieweit die Autoritätsunterworfenen diese auch anerkennen, speisen sich die beiden anderen Autoritätsformen aus
anderen Quellen. Sie können deswegen nicht nur Mitarbeitern
zukommen, denen von der Stiftsleitung keine "Autoritätsposition"
übertragen wurde oder zuerkannt wird, sondern auch Stifts-

bewohnern. Auf diese Weise kann neben der in den Organisationsvorschriften vorgesehenen Autoritäts- und Kontrollstruktur
eine informelle und mit der formellen möglicherweise konfli-
gierende Autoritätshierarchie entstehen, welche die Zusammenarbeit und die Erfüllung der Dienstleistungen beeinflußt, und
zwar sowohl im positiven wie im negativen Sinne.

Charakteristisch für die Autoritäts- und Kontrollstruktur des
Wohnstiftes ist es ferner, daß den Stiftsbewohnern, also den-
jenigen, derentwegen das Wohnstift gegründet wurde und denen
sein Dienstleistungsangebot gilt, kein Platz in der Autoritätshierarchie zukommt. Wie in allen Einrichtungen der stationären Altenhilfe besitzen sie in der Institution des Stiftsbeirats ein Mitwirkungsorgan mit beschränkten offiziellen
Einflußchancen und Mitwirkungsmöglichkeiten. Dies hat zur
Folge, daß sie bei allen für das Wohnstift und damit für ihren
Lebensraum relevanten Entscheidungen und Regelungen nur indirekt beteiligt sind. Deswegen hängt die Berücksichtigung
ihrer Wünsche und Interessen entscheidend davon ab, wer von
jenen Personen und Institutionen - den Stiftsbeirat eingeschlossen -, die an den relevanten Planungs-, Entscheidungs-,
Informations- und Kontrollprozessen beteiligt sind, sich zum
Sachwalter ihrer Wünsche und Interessen macht und inwieweit
dieser jeweils bereit und angemessen in der Lage ist, diese
Wünsche und Interessen zu erkennen, zu bewerten, zu artikulieren und durchzusetzen. Diese Situation dürfte von jenen
Stiftsbewohnern als besonders problematisch empfunden werden,
die in ihrem Lebensbereich vor Einzug in das Wohnstift selbst
Positionen mit einem großen Maß an positionaler, funktionaler
oder personaler Autorität innehatten, die glauben, deswegen
auch in dem neuen Lebensbereich hinreichend kompetent zu sein,
und die sich noch gesund genug fühlen, neue Aufgaben übernehmen zu können.

Mit der Frage nach der Einbindung der Stiftsbewohner in die
Autoritäts- und Kontrollstruktur und ihren Einflußmöglichkei-
ten ist eine Problematik angesprochen, die für alle Dienst-
leistungsorganisationen gilt. Generell ist für sie charakteristisch, daß den "Kunden", "Klienten" oder "Betreuten" nur
begrenzte Mitwirkungsmöglichkeiten eingeräumt werden. Dies
ist deswegen problematisch, weil mit der zunehmenden Größe
einer Organisation die Überschaubarkeit und Kontrollierbar-
keit der Interaktions-, Kommunikations- und Entscheidungsprozesse abnimmt, die Möglichkeit zur Manipulation von Informationen und Menschen wächst, der Konformitätsdruck sich erhöht und die Bürokratisierungstendenzen sich vermehren. Auf
welche Weise sich dieses Problem lösen läßt, ohne daß lediglich neben eine bereits bestehende Autoritäts- und Kontroll-
hierarchie eine weitere tritt, die ihrerseits wiederum der
Kontrolle bedürfe, ist bis jetzt noch eine offene Frage. Eine
Lösung ist aber vor allem deswegen dringlich, weil Dienst-
leistungsorganisationen wie alle anderen Organisationen die
Effizienz ihrer Programme in erster Linie aus der Sicht der
Organisation und nicht aus der des Kunden oder der Klienten
beurteilen, so daß auch Entscheidungen getroffen werden können, die für die Organisation zwar effizient, für die Kunden
oder Klienten aber nachteilig sind. Versuche, diesem Tatbestand durch gesetzliche Regelungen beizukommen, haben oft
eher eine zunehmende Bürokratisierung als eine Verbesserung
der Einwirkungs- und Kontrollmöglichkeiten zur Folge. Sie
stoßen im übrigen auf die Schwierigkeit, daß in der Regel nur
wenige Personen bereit und in der Lage sind, die mit erwei-
terten Mitwirkungsmöglichkeiten zwangsläufig verbundenen Belastungen zu tragen und hierfür einen Teil ihres Zeitbudgets
zur Verfügung zu stellen, zumindest so lange, wie sie mit
den Dienstleistungen zufrieden sind.

Angesichts der heterogenen, nur partiell übereinstimmenden
Interessen von Stiftsleitung, Stiftspersonal und Stiftsbewohnern und der ebenfalls nur partiellen Interessenübereinstim-
mung zwischen den verschiedenen Mitarbeitern und Mitarbeiter-
gruppen wie zwischen den Bewohnern sind im Wohnstift wie in
jeder Art von Organisation Konflikte eher die Regel als die
Ausnahme. Sie führen allerdings so lange nicht zu einer Ge-
fährdung der Zusammenarbeit, wie die Beteiligten an der Fort-
führung der bestehenden sozialen Beziehungen und an der Sicherung des Bestandes des Wohnstiftes interessiert sind. Konflikte können aus abweichenden oder widersprüchlichen Verhaltenserwartungen oder -zumutungen der jeweiligen Interaktionspartner oder der für das Handeln relevanten Bezugspersonen
resultieren. Konflikte solcher Art liegen z.B. in der Regel
vor, wenn Bestimmungen der Hausordnung auszulegen und auf
strittige Fälle anzuwenden sind, wenn die Pensionspreise ge-
ändert und der Kostenentwicklung angepaßt werden müssen, wenn
sich die Wünsche der Bewohner hinsichtlich der Tischordnung
und der persönlichen Tischzeiten nur schwer zur Deckung bringen lassen, wenn es um den Einsatz oder die Leistungen des
Pflegepersonals, der Etagendamen, der Haushandwerker oder der
Reinigungsdienste Auseinandersetzungen gibt, wenn man sich
hinsichtlich der Prioritäten bei der Inanspruchnahme und Zurverfügungstellung der Gemeinschaftseinrichtungen nicht einigen
kann, wenn bezüglich der Ruhezeiten und ihrer Beachtung sowie
wegen der wechselseitigen Belästigung durch nachbarlichen
Lärm die Auffassungen verschieden sind. Konflikte können sich
aber auch aus widersprüchlichen Verhaltenserwartungen oder
-zumutungen ergeben, die eine Folge davon sind, daß eine Person verschiedene,mit ihren Ansprüchen nicht immer zur Deckung
zu bringende Ämter innehat. Konflikte dieser Art ergeben sich
oft bei Mitgliedern der Mitgliedervertretung oder des Stiftsbeirats; aber auch der Stiftsdirektor kann z.B. in solche Situationen kommen, wenn es zu Differenzen in der Beurteilung
der Angemessenheit oder der Notwendigkeit von Maßnahmen

kommt, welche die Zentralverwaltung für zwingend erachtet,
die Stiftsleitung hingegen nicht. Konflikte können, wenn sie
unter Anerkennung möglicher Gegensätze und unter Berücksichtigung vereinbarter Spielregeln ausgetragen werden, von inte-
grierender Wirkung sein. Sie sind zwar in der Regel lästig,
doch sind sie ein Instrument zur Anpassung einer Organisation
an veränderte Umweltbedingungen und tragen somit vielfach zur
Sicherung des Bestandes der Organisation bei.

Vergleicht man die Situation in den Wohnstiften des Collegium
Augustinum mit vorliegenden Berichten über die Lage in anderen Einrichtungen der stationären Altenhilfe, so heben sie
sich von der Mehrzahl dieser Institutionen deutlich ab. In
der altersgerechten baulichen Gestaltung und technischen Ausstattung der Appartements, in der Vielfalt von Gemeinschaftseinrichtungen, in dem breiten, individuell kombinierbaren
Dienstleistungsangebot, in der Gewährleistung lebenslanger
Pflege und Betreuung, in dem reichen Angebot an stimulieren-
den und die Verbindung zur Umwelt erhaltenden und belebenden
kulturellen und gesellschaftlichen Veranstaltungen, in der
fachlichen Ausrichtung und in der Qualifikation des Stiftspersonals, in der Hausordnung, die den Stiftsbewohnern einen
vergleichsweise großen individuellen Gestaltungsspielraum erlaubt und die sie in ihrer Lebensweise nicht der Reglementierung und totalen Kontrolle durch die Organisation unterwirft,
sowie in den durch die Stiftsbeiräte lange vor den Bestimmungen des Heimgesetzes und der Heimmitwirkungsverordnung insti-
tutionalisierten Mitberatungs- und Mitwirkungsrechten der
Stiftsbewohner entsprechen die Wohnstifte des Collegium
Augustinum nicht nur den Forderungen, die heute von Experten
und Politikern für die Gestaltung für den Betrieb und für die
Programmatik von Einrichtungen der stationären Altenhilfe für
die Zukunft erhoben werden, sondern gehen sie - der für sie
konstitutiven Konzeption gemäß - in vielen Bereichen darüber

hinaus: eine treffliche Bestätigung für die exemplarische
Bedeutung und die Bewährung des vor nunmehr fast fünfundzwan-
zig Jahren entwickelten Konzeptes modernen Altenwohnens."

6.3. Organisation und Publikum

Im Zuge der Ausweitung öffentlichen Verwaltungshandelns und
zunehmender Kritik an bürokratischen Erscheinungsformen der
öffentlichen Verwaltung ist unter den verschiedenen Umweltbeziehungen von Verwaltungen als Organisationen auch die Bürgernähe der Verwaltung zum Thema gemacht worden. In einem
großangelegten und mit umfangreichen öffentlichen Mitteln
finanzierten Forschungsverbund haben sich mehrere Forschungs-
institute über mehrere Jahre hinweg in verschiedenen sozial-
politisch relevanten Bereichen mit dem Problem einer bürger-
nahen Sozialpolitik theoretisch und empirisch befaßt
(KAUFMANN, 1979). "Das 'Leiden' des Publikums an den Schwierigkeiten im 'Verhältnis' von Bürger und Verwaltung" (HEGNER,
1978, S. 54) war forschungsreif geworden. Im Zentrum der Untersuchungen stand dabei die aus der Perspektive der Organisationsleitung wie des Organisationspersonals durchweg vernachlässigte Frage, welche Konsequenzen die arbeitsteilige
Differenzierung von Organisationsstrukturen in Verbindung mit
Verrechtlichungstendenzen zwangsläufig für jene haben, denen
die Organisationsleistungen zukommen oder, den Organisationszielen gemäß, zukommen sollen und die nicht, wie die Stiftsbewohner im Beispiel des vorhergehenden Kapitels, der Organisation als Mitglieder angehören, sondern nur in einem lockeren,
organisatorisch nicht eingebundenen Verhältnis zur Organisation stehen, wie z.B. die Kunden des Autohauses, die Ratsuchenden, Versicherungsleistungen beantragenden oder Vermittlung in eine andere Arbeitsstelle erhoffenden Klienten des
Arbeitsamtes. Ihre mangelnde Repräsentanz in den Entscheidungs-
gremien der Organisation hat ähnliche Konsequenzen wie bei den

Stiftsbewohnern des geschilderten Wohnstiftes, die zwar der
Organisation angehören, aber nur peripher in den Entschei-
dungsgremien und Entscheidungsstrukturen der Organisation eingebunden sind.

Hinsichtlich der öffentlichen Verwaltung kamen die Forscher
des Forschungsverbundes u.a. zu dem Ergebnis (KAUFMANN, 1979,
S. 531ff.), daß der Vorwurf zunehmender Bürgerferne der öffentlichen Verwaltung zum einen aus der zunehmenden Betrof-
fenheit von Bürgern durch staatliche Maßnahmen im Zuge der
permanenten Ausweitung der Staatstätigkeit sowohl der Hoheits-
verwaltung wie der Leistungsverwaltung resultiert. Zum anderen sei die Bürgerferne mitbedingt durch das mit der Ausweitung der Staatstätigkeit einhergehende Anwachsen der Größe,
der Zentralisierung, der Spezialisierung und der Verfahrens-
förmigkeit des Verwaltungshandelns. Hier handele es sich um
Entwicklungen, die zunehmend zur Folge haben, daß die Bear-
beitung schematisiert wird, daß situationsspezifische Gegebenheiten vernachlässigt werden, daß die Mitwirkung der Bürger selbst als wenig sachdienlich und ineffektiv erscheint.
Besondere Bedeutung kommt unter den verschiedenen Empfehlungen der Forscher m.E. jener zu, die da lautet (a.a.O. S. 539):

"Wo tatsächlich 'unbürokratische Hilfe' erforderlich ist,
kann das Postulat der Bürgernähe eine bewußte Begrenzung des
öffentlichen Kontrollanspruchs erforderlich machen, um nicht
durch verwaltungsmäßige Kontrollmaßnahmen Initiativen sozialer
Aktion und der Hilfe zur Selbsthilfe zu ersticken."

Dies fordern die Autoren der Thesen insbesondere für jene Bereiche, wo die 'Selbstorganisation von Betroffenen' und 'Formen
der Selbsthilfe' wirksamer zu sein scheinen als unmittelbare
staatliche Leistungen und Eingriffe.

Mit dieser These ist ein für das Verhältnis von Organisation
und Publikum generell geltendes Problem angesprochen, das in
ähnlicher Weise auch im Verhältnis anderer Organisationen zu

finden ist: das Autohaus im Verhältnis zu seinen aktuellen und potentiellen Kunden, das Arbeitsamt zu seinen Klienten, die Berufsschule zu ihren Schülern. Es geht hier um den Sachverhalt, daß die Organisation ihrem jeweiligen Publikum, dem einzelnen Bürger, Kunden, Schüler, Stiftsbewohner, nicht unmittelbar gegenübertritt, sondern mittelbar durch den jeweiligen Agenten oder Repräsentanten, der in der Interaktion 'Organisation - Publikum' die Organisation als 'kooperativen Akteur' vertritt. Der Kontakt 'Organisation - Klient' ist immer einer zwischen individuellen Akteuren, allerdings mit dem gewichtigen Unterschied, daß der Klient als individueller Akteur in eigener Sache agiert, während der Agent oder Repräsentant der Organisation nicht nur als individueller Akteur in eigener Sache auftritt, sondern als Agent der Organisation und Inhaber einer bestimmten Organisationsposition. Für den Agenten und sein Handeln gelten folglich all jene Probleme, die wir in den vorhergehenden Kapiteln dieser Kurseinheit bezogen auf die Organisationsrolle und ihre jeweilige Definition diskutiert haben; von seiner Definition der Organisationsrolle und ihrer Realisation im konkreten Publikumskontakt hängt mit ab, wie die Interaktion abläuft und welche Probleme sich für den Klienten im Hinblick auf seine Interessenlage ergeben.

6.4. Rationalitätsprinzip und Herrschaftssicherung

Organisationen sind Herrschaftsverbände und Herrschaftsinstrumente. Die damit angerissene Thematik begleitete uns in vielfältigen Abwandlungen durch alle Kapital. Organisationen bedürfen einer Leitungsinstanz, die der arbeitsteiligen Kooperation individueller Akteure Ziel und Richtung weist und die ihr Dauer verleiht. Herrschaft ist wichtig für die Sicherung der Kooperation, für die Durchsetzung und Umsetzung der Organisationsziele in Organisationsprogramme und Organisations-

leistungen, für die Anpassung der Organisation an veränderte
Umweltgegebenheiten, für die Lösung von Konflikten. Als Zusammenschlüsse individueller Akteure bedürfen Organisationen
zur Verwirklichung der zuvor genannten Zwecke einer Organisationsleitung, die insoweit lediglich Mittel zur Sicherung der
arbeitsteiligen Kooperation ist. Problematisch ist nicht die
Tatsache der Herrschaft an sich, sondern wessen Interessen sie
dient und ob sie ihren Mittelcharakter bewahrt oder zwangsläufig, wie Robert MICHELS meint, sich von jenen löst, die sie
delegierten. Problematisch ist die spezifische Herrschaftsverfassung und die jeweilige Quelle der Legitimation der mit der
Leitungsgewalt verbundenen Möglichkeiten zur Fremdbestimmung
der ihr unterworfenen Organisationsangehörigen, auch dann, wenn
sie sie begründeten.

Wer in eine Organisation eintritt, unterwirft sich damit im
Rahmen der für sie geltenden Herrschaftsverfassung und bezogen
auf die ihm übertragene und zukommende Organisationsrolle teilweise fremdem Willen. Zur Diskussion steht die Frage, von welchen Voraussetzungen die Herrschaft von Menschen über Menschen
abhängig zu machen und an welche Bedingungen sie zu knüpfen
ist. Wer mit OPEL-HOPPMANN die Auffassung vertritt:

"In einer demokratischen Gesellschaft darf die Demokratie nicht
vor den Fabriktoren stehenbleiben. Die demokratische Gesellschaft braucht den mündigen Bürger, nicht nur im öffentlichen
Leben sondern auch in der Wirtschaft, im Betrieb und am Arbeitsplatz. Mündig sein heißt auch mitbestimmen können, Einfluß nehmen auf Entscheidungen, von denen man persönlich betroffen ist."

Wer diese Auffassung teilt, der wird andere Ansprüche an die
Legitimation von Herrschaft in Organisationen und ihre Quellen,
d.h. an die Herrschaftsverfassung, stellen als jener, der die
Auffassung vertritt, daß Demokratie in Betrieb und Unternehmung
nichts zu suchen habe. Das auf das Rentabilitätsprinzip ver-
kürzte Rationalitätsprinzip muß oft herhalten, um für erwerbs-
wirtschaftliche Arbeitsorganisationen die primäre Leitungs-
legitimation und Leitungskompetenz der Kapitaleigner als

Organisationsträger und ihrer Repräsentanten oder Agenten zu
rechtfertigen (vgl. BÖSCHGES, 1972).

Herrschaft von Menschen über Menschen ist zwar m.E. grundsätzlich nicht aufhebbar. Sie bedarf jedoch jeweils einer aus-
drücklichen Begründung, und zwar einer solchen, die ihren Mittelcharakter betont und ihren Geltungsbereich auf der Basis
von Grundwerturteilen eindeutig definiert. Angesichts der
begrenzten Rationalität menschlichen Handelns und angesichts
der m.E. gegebenen Unmöglichkeit, Grundwerturteile - letzte
Werte, die unser Handeln binden sollten - zu begründen, besteht allerdings die Gefahr, daß das Rationalitätsprinzip im
Gewande ökonomischer oder technischer Rationalität zur Sicherung bestehender Herrschaftsverhältnisse in Organisationen,
zumal in Arbeitsorganisationen, herangezogen wird und die
Notwendigkeit der bestehenden Herrschaftsverfassung unter Hinweis auf die Wirtschaftsordnung oder die 'soziale Marktwirtschaft' als hinreichend begründet erachtet wird.

Anmerkung   zu Kapitel 6

1) Die Thesen habe ich sehr allgemein gehalten und nicht
    durch Beispiele erläutert. Die Beispiele finden Sie in
    den früheren Kapiteln, auf die jeweils verwiesen wird.

7. Anhang

7.1. Organisationsplan eines Arbeitsamtes

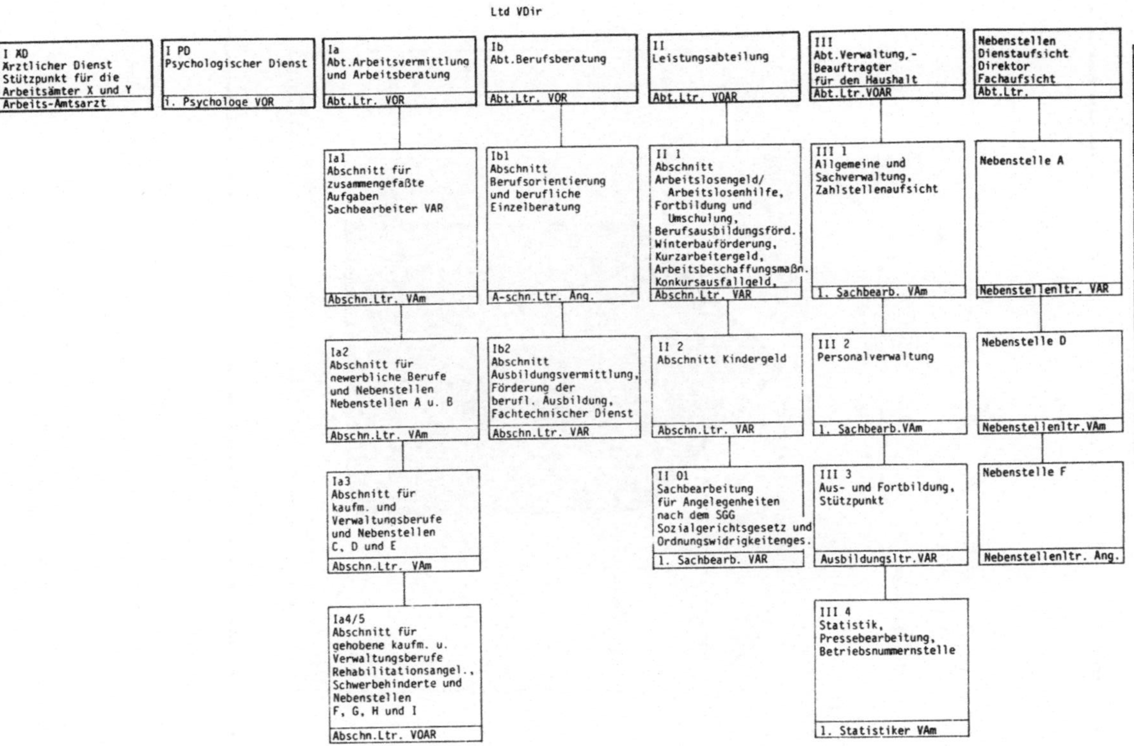

7.2. <u>Organisationsmodell Schule</u>

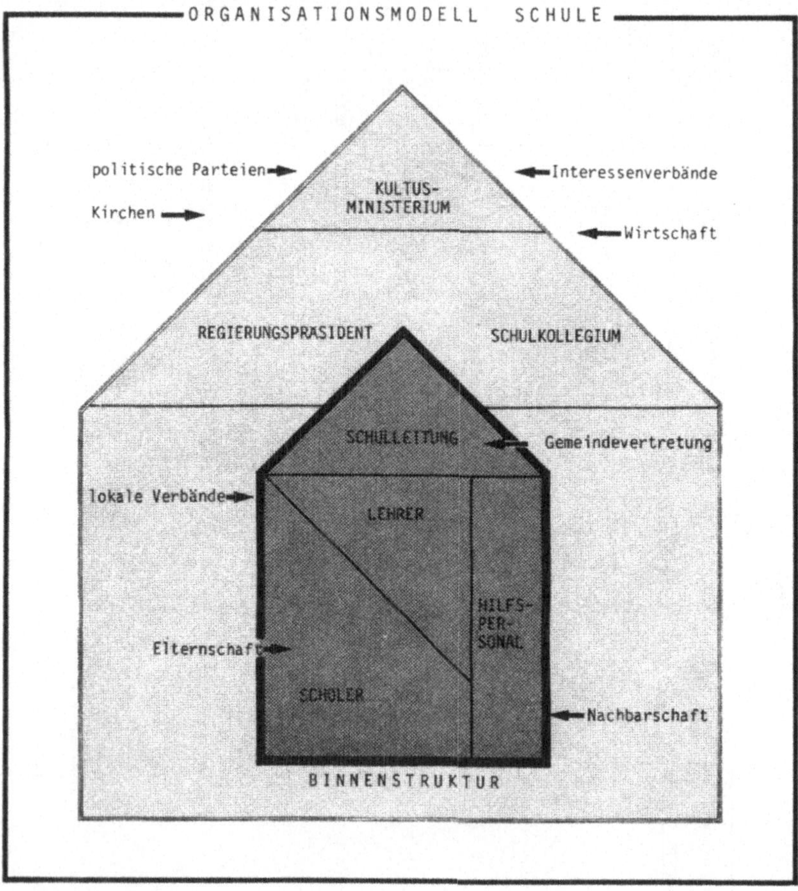

7.3. Autohaus: Organigramm der Arbeitsgruppen

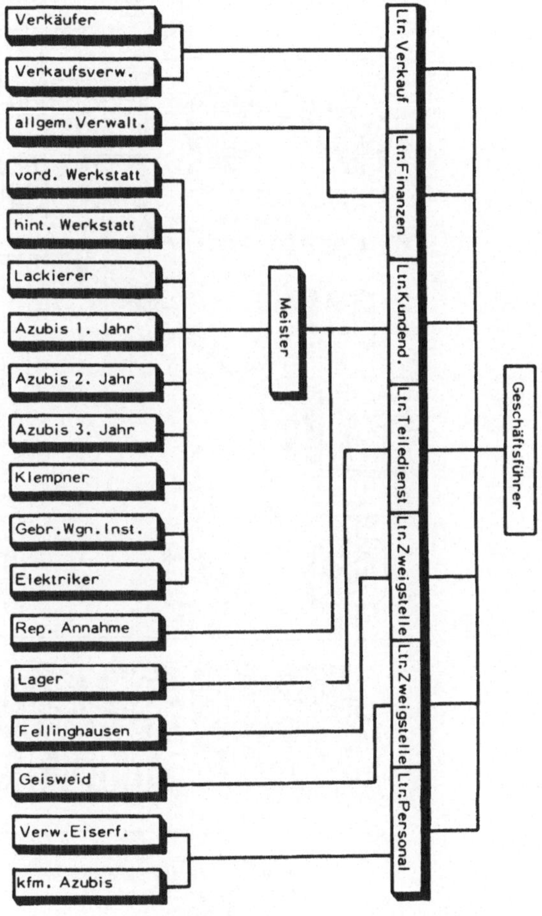

entnommen aus:
Handbuch für die betriebliche Gruppenarbeit,
Martin Hoppmann GmbH, Siegen, 1978

7.4. <u>Autohaus: Mitbestimmungsorgane</u>

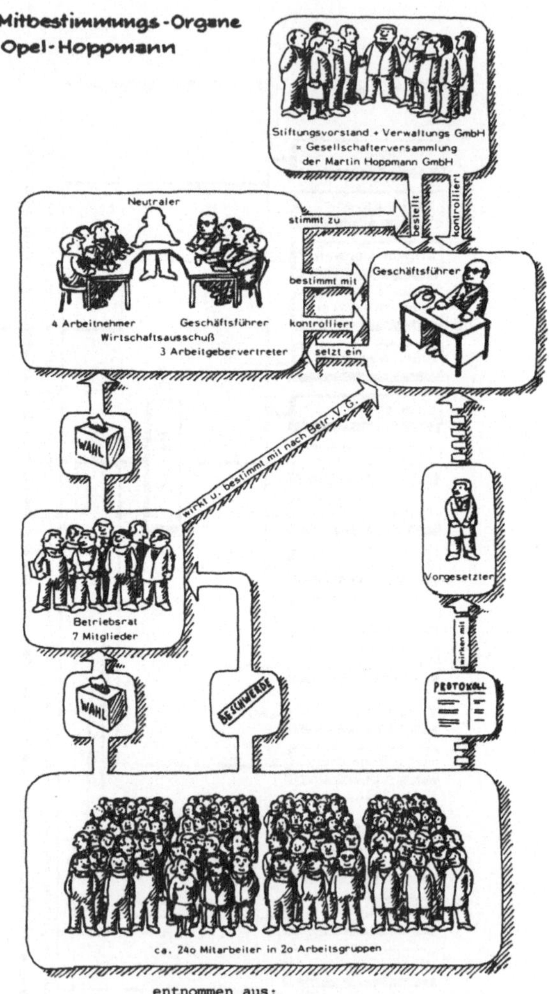

entnommen aus:
Handbuch für die betriebliche Gruppenarbeit,
Martin Hoppmann GmbH, Siegen, 1978

7.5. Eisen und Stahl: Organisatorische Gliederung des Vorstandes

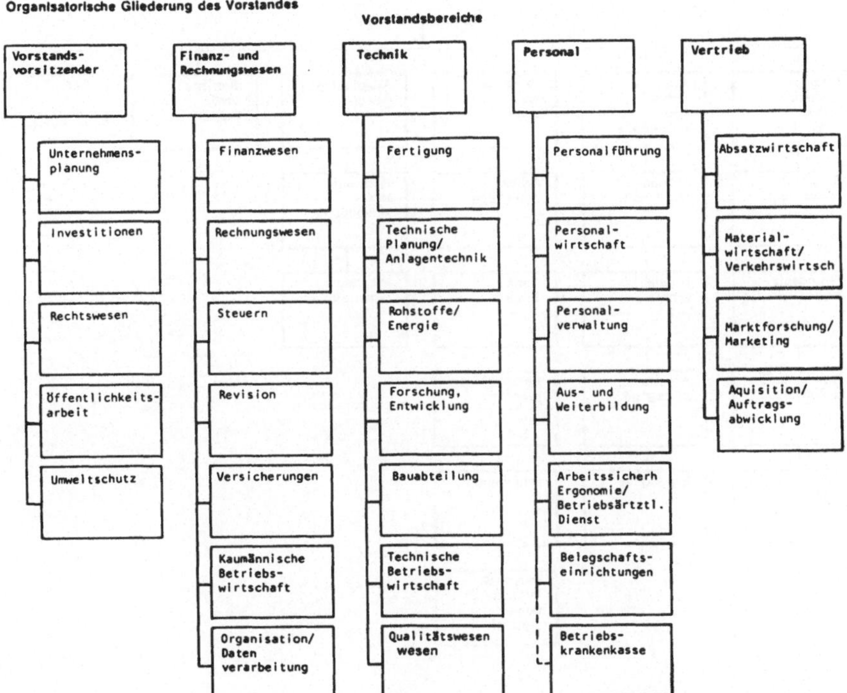

7.6. Aufbau des Funktionsbereichs Arbeitsdirektor

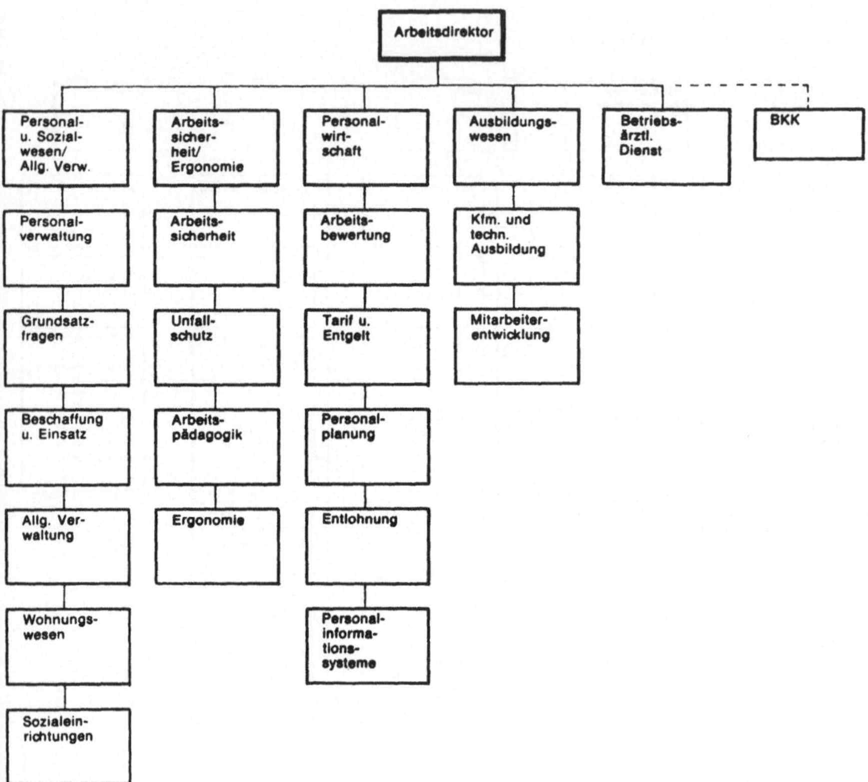

aus:Ulrich SPIE, Wolfgang BAHLMANN, Arbeitsdirektoren in der Eisen- und Stahlindustrie.
in: Das Mitbestimmungsgespräch 1/79, Düsseldorf 1979

Literaturverzeichnis

BARNARD, Ch.J., 1976: Die Führung großer Organisationen (Auszüge), in: G. BÜSCHGES, 1976, S. 127-165

BICK, W. und P.J. MÜLLER, 1978: Informationssysteme und Informationsverhalten, hrsg. v. BMFT, Forschungsbericht ID 79-01.

BLEICHER, H., 1979: Der Berufsberater zwischen Anspruch und Wirklichkeit, in: Der Berufsberater, Heft 1, S. 3 f.

BOUDON, R., 1979: Widersprüche sozialen Handelns, Darmstadt und Neuwied.

BOUDON, R. 1980: Die Logik des gesellschaftlichen Handelns. Eine Hinführung zur Denk- und Arbeitsweise in der Soziologie, Darmstadt und Neuwied.

BÜSCHGES, G., 1972: Wirtschaftliche Mitbestimmung der Arbeitnehmer und soziale Marktwirtschaft, in: Soziologie, Hrsg. Günter Albrecht u.a., Opladen.

BÜSCHGES, G., 1976: (Hrsg.) Organisation und Herrschaft. Klassische und moderne Studientexte zur sozialwissenschaftlichen Organisationstheorie, Reinbek.

BÜSCHGES, G., 1979: Wohnstift als Lebensraum. Soziologische Betrachtungen zum Leben in einem 'Wohnstift', in: Zeiten des Menschen, München.

BÜSCHGES, G.u. SLESINA, W., 1973: Organisations- und Personalwesen, in: Studienreform an der Fakultät für Soziologie. Hrsg.v.d.Universität Bielefeld (Heft 5: Schriften zum Aufbau einer Universität).

BÜSCHGES, G. und B. LÜTKE-BORNEFELD, 1977: Praktische Organisationsforschung, Reinbek.

BUNDESANSTALT FÜR ARBEIT, 1977: Die Bundesanstalt für Arbeit stellt sich vor. Referat Öffentlichkeitsarbeit, Nürnberg.

BUNDESANSTALT FÜR ARBEIT, 1979: (Hrsg.) Handbuch zur Berufswahlvorbereitung, Nürnberg.

BUNDESMINISTERIUM für Forschung und Technologie, 1978: Leistungsplan 'Humanisierung des Arbeitslebens'. Planperiode 1978-1982, Bonn.

BUNDESVEREINIGUNG der deutschen Arbeitgeberverbände, 1978: (Hrsg.) Unternehmerische Personalpolitik, Köln.

DAHRENDORF, R., 1976: Soziale Klassen und Klassenkonflikt in der industriellen Gesellschaft (Auszüge), in: G.BÜSCHGES, 1976, S. 118-126.

DGB-Arbeitsausschuß 'Beratung im Bildungswesen', 1979:
Beratung im Bildungswesen, in: Gewerkschaftliche Bildungs-
politik, Heft Mai/Juni, S. 105-128.

DIECK, M., 1978: Das Konzept eines Betriebsvergleichs von
Einzelwirtschaften der stationären Altenhilfe, in: Zeitschrift für Gerontologie.

ENGELS, F., 1976: Von der Autorität, in: G.BÜSCHGES, 1976,
S. 55-58.

ESSER, H., 1980: Aspekte der Wanderungssoziologie, Darmstadt
und Neuwied.

ETZIONI, A., 1967: Soziologie der Organisation, München.

GABRIEL, K., 1976: Organisationen und sozialer Wandel, in:
G. BÜSCHGES, 1976, S. 301-324.

GESELLSCHAFTLICHE Daten, 1979: Hrsg. v. Presse- und Infor-
mationsamt der Bundesregierung, Bonn.

GREENFIELD, T.B., 1975: Organisationen als soziale Erfindungen: Annahmen über Veränderungen - neu überdacht, in:
Gruppendynamik, 6.Jg.

HARTFIEL, G., 1973: Der Mensch als Systemelement oder 'Herr
des Systems', in: Zeitschrift für Organisation, 42. Jg.

HARTMANN, H.J., 1974: Kleine Chronik des Collegium
Augustinum, München.

HEGNER, F., 1976: Strukturelemente organisierter Handlungs-
systeme, in: G. BÜSCHGES, 1976, S. 226-251.

HEGNER, F., 1978: Das bürokratische Dilemma, Bd. II: Bürger
und Verwaltung, Frankfurt/M.

HEMPEL, C.G., 1968: Typologische Methoden in den Sozialwissenschaften, in: E. TOPITSCH, Hrsg.: Logik der Sozialwissenschaften, Köln, S. 85-103.

HEMPEL, C.G. und P. OPPENHEIM, 1936: Der Typusbegriff im
Lichte der neuen Logik, Leiden.

MARTIN HOPPMANN GmbH, 1978: Handbuch für betriebliche Gruppenarbeit, Siegen.

KATZ, D. und R.L. KAHN, 1966: The Social Psychology or
Organizations, New York.

KAUFMANN, F.-X., 1978: (Hrsg.) Bürgernahe Sozialpolitik,
Frankfurt/M.

KISSLER, L., 1980: Arbeit - Technik - Qualifikation, Kurseinheit 3: Arbeit und industrielle Herrschaft, Hagen:Fernuni-
versität.

KUDERA, S., 1977: Organisationsstrukturen und Gesellschafts-
strukturen, in: Soziale Welt, 28.Jg.

KULTUSMINISTER des Landes Nordrhein-Westfalen, 1974: Gibt es
eine richtige Ordnung für die Schule?, Düsseldorf.

LANGE, E. und G. BÜSCHGES, 1975: (Hrsg.) Aspekte der Berufs-
wahl in der modernen Gesellschaft, Frankfurt/M.

LIPSMEIER, A., 1980: Berufsausbildung I, Grundprobleme der
Lernorte in der Berufsausbildung. Kurseinheit 5: Berufsausbildung im dualen System und in den beruflichen Vollzeit-
schulen. Hagen:Fernuniversität.

LUHMANN, N., 1976: Funktionen und Folgen formaler Organisation (Auszüge), in: G. BÜSCHGES, 1976, S. 195-225.

MARX, K., 1970: Ökonomisch-philosophische Manuskripte,
Leipzig.

MARX, K., 1976: Das Kapital (Auszüge), in G. BÜSCHGES,
1976, S. 29-54.

MAYNTZ, R., 1963: Soziologie der Organisation, Reinbek.

MAYNTZ, R. und R. ZIEGLER, 1977: Soziologie der Organisation, in: Handbuch der empirischen Sozialforschung,
hrsg.v. René König, Bd. 9: Organisation und Militär, 2.völl.
neu bearb.Aufl.

MICHELS, R., 1976: Zur Soziologie des Parteiwesens in der
modernen Demokratie (Auszüge), in: G. BÜSCHGES, 1976,
S. 86-117.

PARSONS, T. u.a., 1953: Working Papers in the Theory of
Action, Glencoe (Ill.).

PAWLOWSKI, T., 1975: Methodologische Probleme in den Geistes-
und Sozialwissenschaften, Warschau.

PIEPER, J., 1948: Grundformen sozialer Spielregeln,
Frankfurt/M.
POPPER, K.R., 1973: Objektive Erkenntnis. Ein evolutionärer
Entwurf, Hamburg.

RAUB, W. und T. VOSS, 1981: Individuelles Handeln und gesellschaftliche Folgen: Das individualistische Programm in
den Sozialwissenschaften, Darmstadt und Neuwied.

RÜCKERT, G., 1974: Neue Wege der Wohnungsversorgung alter
Menschen, dargestellt am Beispiel des Collegium Augustinum,
Vortrag an der Ruhr-Universität Bochum am 14.1., Manuskript.

SCHLUCHTER, W., 1976: Aspekte bürokratischer Herrschaft
(Auszüge), in: G. BÜSCHGES, 1976, S.273-300.

SCHMOLLER, G., 1966: Großbetrieb und Gesellschaftsintegration,
in: Industriesoziologie, Hrsg. Friedrich Fürstenberg,
Neuwied (2.erg. u. verm. Aufl.).

SIMON, H.A., 1976: Das Verwaltungshandeln (Auszüge), in:
G. BÜSCHGES, 1976, S. 166-187.

SMITH, A., 1974: Der Wohlstand der Nationen. Eine Untersuchung seiner Natur und seiner Ursachen, München.

SODEUR, W., 1974: Empirische Verfahren der Klassifikation,
Stuttgart.

SPIE, E., 1979: Arbeitsdirektoren in der Eisen- und Stahlindustrie, in: Das Mitbestimmungsgespräch

TOCQUEVILLE, A. de, 1956: Über Demokratie in Amerika,
Frankfurt/M.

TOPITSCH, E., 1968: (Hrsg.) Logik der Sozialwissenschaften,
Köln.

TOURAINE, A., 1976: Die postindustrielle Gesellschaft
(Auszüge), in: G. BÜSCHGES, 1976, S. 252-272.

ULICH, E., 1978: Humanisierung am Arbeitsplatz, in: Arbeit
und Humanität, Hrsg. A. Rich u. E. Ulich, Königstein.

ULLRICH, O. und D. CLAESSENS, 1980: Soziale Rolle,
Hagen:Fernuniversität.

WEBER, M., 1922: Gesammelte Aufsätze zur Wissenschafts-
lehre, Tübingen.

WEBER, M., 1964: Wirtschaft und Gesellschaft, Tübingen.

WEBER. M., 1976: Wirtschaft und Gesellschaft (Auszüge),
in G. BÜSCHGES, 1976, S. 59 - 85.

WEYMANN, A., 1980: (Hrsg.) Soziologie der Erwachsenenbildung
- Ein Handbuch, Darmstadt und Neuwied.

Sachregister

Studienskripten zur Soziologie

35 M. Küchler, Multivariate Analyseverfahren
    262 Seiten. DM 17,80

36 D. Urban, Regressionstheorie
    und Regressionstechnik
    245 Seiten. DM 16,80

37 E. Zimmermann, Das Experiment
    in den Sozialwissenschaften
    308 Seiten. DM 17,80

38 F. Böltken, Auswahlverfahren
    Eine Einführung für Sozialwissenschaftler
    407 Seiten. DM 18,80

39 H. J. Hummell, Probleme der
    Mehrebenenanalyse
    160 Seiten. DM 12,80

40 F. Golczewski/W. Reschka,
    Gegenwartsgesellschaften: Polen
    383 Seiten. DM 18,80

41 Th. Harder, Dynamische Modelle
    in der empirischen Sozialforschung
    120 Seiten. DM 11,80

42 W. Sodeur, Empirische Verfahren zur Klassifikation
    183 Seiten. DM 12,80

43 H. M. Kepplinger, Massenkommunikation
    207 Seiten. DM 15,80

44 H.-D. Schneider, Kleingruppenforschung
    351 Seiten. DM 17,80

45 H. J. Helle, Verstehende Soziologie und
    Theorien der Symbolischen Interaktion
    207 Seiten. DM 15,80

46 T. A. Herz, Klassen, Schichten, Mobilität
    316 Seiten. DM 18,80

48 S. Jensen, Talcott Parsons Eine Einführung
    204 Seiten. DM 15,80

49 J. Kriz, Methodenkritik empirischer Sozialforschung
    292 Seiten. DM 17,80

120 G. Büschges, Einführung in die Organisationssoziologie
    214 Seiten. DM 16,80

Preisänderungen vorbehalten